兵器世界之

揭秘特种部队装备

《名枪》杂志编辑部 编著

航空工业出版社
北京

内容提要

特种部队代表了当今世界各国最强的战斗力，同时他们本身也成为世界各国所提供最好装备和最先进科技的一个载体。也正因为如此，今天的特种部队开始越来越多地担负起除了纯粹战斗之外的更多使命。

本书从一个全新的角度来揭秘当今世界特种部队鲜为人知的一面。从一系列单兵或小团队的实际作战需求出发，分门别类地介绍了当今特种部队最主要的轻、重武器以及各式附加装备。

图书在版编目(CIP)数据

揭秘特种部队装备/《名枪》杂志编辑部编著. --北京:航空工业出版社,2012.5(2022.1重印)
(兵器世界)
ISBN 978-7-80243-904-7

Ⅰ.①揭… Ⅱ.①名… Ⅲ.①特种部队—武器装备—介绍—世界 Ⅳ.①E92

中国版本图书馆 CIP 数据核字(2012)第 007305 号

揭秘特种部队装备
Jiemi Tezhongbudui Zhuangbei

航空工业出版社出版发行
(北京市安定门外小关东里 14 号 100029)
发行部电话:010-64815521 010-64978486

三河市燕春印务有限公司印刷 全国各地新华书店经售
2012 年 5 月第 1 版 2022年1月第2次印刷
开本:787×1092 1/16 印张:10 字数:280 千字
印数:5001-10000 定价:48.00元

前言 weapon world

FOREWORD

提起特种部队来，实在是有太多的内容可谈，因为这个范畴涵盖实在是太宽广了。从世界真正意义上的现代化特种部队出现，到今天已经过去多年；虽然随着各种官方报道和各种道听途说，人们似乎已经对这股特殊的武装力量习以为常、见怪不怪，但实际上任谁说起特种部队来，却依旧还都是掺杂着个人臆想的“虚虚实实”，所以即使是在资讯如此发达的今天，大家对特种部队的了解也不过是“管中窥豹，可见一斑”而已。

但这份如迷雾般的“朦胧感”却吸引着越来越多的人的关注。其实，这也不难理解，暂且不说那些在世界重大事件中频繁出现的特种部队身影，仅仅来看看“大众娱乐”就有鲜明体现：随着现在进口大片中越来越多的展示，连最不关心军事的时尚女孩也都多少知道特种部队就代表着“精彩的战斗”和“悲壮的胜利”……

绝大部分看客们虽然还分不清这些特种部队隶属于哪个单位、有过怎样辉煌的历史，但这些却并不妨碍普通大众对特种部队的自我理解：有黑恶势力盘踞？有恐怖武装侵扰？有天灾人祸？有怪兽出没？有僵尸横行？有外星攻击？……但是，只要我们看到特种部队出现在画面中，那么一切麻烦都将不再是问题！我们就坐等着英雄们去匡扶正义，斩妖除魔吧！

在大众这种简单的认知与欣赏中，特种部队就代表了我们这个地球上最强大、最有效的武装战斗力！甚至于，其成为了大家在极度危难面前所能期盼的“最后的希望”。

事实也的确如此，特种部队代表了当今世界各国最强的战斗力，同时他们本身也成为世界各国所提供最好装备和最先进科技的一个载体。也正因为如此，今天的特种部队开始越来越多地担负起除了纯粹战斗之外的更多使命！

在广大军迷已经熟知那些特种部队历史与战绩的今天，越来越多“行家”开始把关注点转向特种部队自身所搭载的各种装备和科技之上。因为大家开始认识到，除了“非人”的训练之外，装备与科技的“包装力量”才是他们成为“蝙蝠侠”或是“钢铁侠”的关键因素！

本书不是讲“蝙蝠侠”或“钢铁侠”的成长故事，而是介绍“蝙蝠战车”和“钢铁盔甲”的研发与应用……本书所载的内容实际上就是从一个全新的角度来揭秘当今世界特种部队鲜为人知的另一面。从一系列单兵或小团队的实际作战需求出发，分门别类地介绍了当今特种部队最主要的轻、重武器以及各式附加装备。

同时，为了读者更好地理解其中的某些概念，还特别编纂了附录部分，即本书中的“特战装备应用技巧”等内容，希望可以起到“抛砖引玉”的作用。读者亦可以通过这些介绍来“举一反三”，从而更深刻、更全面地理解特种部队这一概念！

作　者

目录 CONTENTS

weapon world

上编' 轻装备

第一章 枪械火力

第二章 头盔夜视

第三章 作战军服

第四章 专用刀具

第五章 综合装备

下编' 重装备

第一章 战车

第二章 船舶

第三章 训练

附录' 装备应用技巧

上编 Weapon World

轻装备

“工欲善其事，必先利其器”，这是古老的真理。对特种部队来说，更是如此。他们常常是小团队或是孤军作战，深入敌后、没有战友、没有补给、没有支援，这就是现实！那么他们随身携带的所有物品就成为他们生命的支柱，也直接决定了他们所执行任务的成败。

当今，随着科学技术的发展以及世界局势的改变，传统意义上的大兵团作战几乎已经绝迹，取而代之的是小规模局部武装冲突。而且现代各国军事领导者对现代战争和战场的理解与分析也有了新的走向，随着一些战场实例被广泛引用借鉴，军队开始更加青睐于使用特种部队来解决问题，尤其是在一些冲突地区。这样既可以避免国际舆论监督、节省军备开销、减少己方伤亡，更可以取得“不战而屈人之兵”或“最高性价比”（最少投入得到相对大的收效）的胜利！

由此可见，那些去执行任务的特种部队单兵所能携带的装备就需要提前做出很好的规划，才能在单兵负荷一定的前提下，尽可能多地携带更有价值的装备。其实每次任务所携带的装备未必相同，大小装备甚至可以细分为几十类；同时又根据个人的使用习惯，即使是同类的装备又可以再细分为很多款……虽然不能尽数展示，但这其中的一些基础性装备可以说是“必需品”，是特种部队装备中的根本和精华！

本章节中将介绍特种部队单兵所能随身携带的、有代表性的一些轻装备。

weapon world

第一章 枪械火力

特种作战中的 AR 步枪

■续写 AR 的传奇

如果说进入火器时代有何种武器是专门为特种部队量身打造的话，那么 AR 系列无疑是个先驱和传承者。在越战前能被称之为“特种作战”的历次规模不等的战斗中，战斗成员们多数都使用与当时现役部队相同的步（骑）枪、卡宾枪或是冲锋枪等武器，尽管他们有条件安装消声器和夜视仪等附件，但枪的整体结构、尺寸和重量并没有多大改进……直到伟大的 AR 系列武器横空出世，并发展至今！

“AR”释义

喜欢枪械的朋友对 AR 这两个字母一定不陌生，但对它的解读却众说纷纭……普遍认为 AR（15）就是 M16 的代名词，其实这是不完全的，在不同语言和文字表达环境下，它们的具体意思差别很大：

一、“Armalite Rifle”，阿玛莱特公司的步枪，这是“AR”使用最多的一种解释。美国阿玛莱特公司是 AR15/M16 系列的摇篮，特别是近年来常见的“AR 风格”（AR style）一词，就是特指建立在阿玛莱特公司 AR10/15 步枪外形或构造基础上的各类步枪。

二、“Assailant Rifle”，突击（攻击）步枪，泛指军用步枪，普遍认为这种提法源自纳粹德国时期希特勒对 MP43/44 的命名——Stg 44(Sturmgewehr 44)。“突击步枪”是德文原译，据称曾经在军队服役的希特勒个人比较喜欢“突击”、“进攻”一类的词汇，而他对这种使用中间威力枪弹可全自动发射的武器的定义一直延用至今。

三、“Automatic Rifle”，自动步枪，相对于非自动步枪或半自动步枪而言，如美国的 M1918 BAR 自动步枪，BAR 就是勃朗宁自动步枪的缩写。

四、“Advanced Rifle”，先进的步枪，常出现在一些武器研制计划中，如美国在 20 世纪 90 年代末期的先进战斗步枪 ACR（Advanced Combat Rifle）计划。

五、“Accuracy Rifle”，（高）精度步枪。

上述的各种解释用“AR”缩写来表述都是正确的，但要看它是在什么样的环境下、什么样的表述中来使用的，本文所讲均为第一种解释。

AR 发展简述

随着 OICW（Objective Individual Combat Weapon，理想单兵作战武器）计划的搁置，以及前几年沸沸扬扬但又冷清收场的 XM8 装备计划落幕，务实的美国人意识到高科技打造的单兵武器采购价格昂贵，即使有庞大的军费支撑，但要落实到单兵头上恐怕会远远超过国会承受的底线。

目前来说，无论美国在当下战场上所遇到的敌人以及在未来战场上的假想敌，对手的单兵武器相对于美国来说差距都较大，至少现在没有必要“杀鸡买牛刀”。同时，XM8 虽然外观很时髦，整枪质量、模组适配以及机件耐受度都比现役步枪有了一定程度的提高，但性价比确实不高。更何况，美国军队历来都要求其所列装的武器要由本国企业来进行生产，现在却跳出来一家外国公司（HK 是一家德国公司），拿出一款改型的“变种枪”（基于 G36 系列设计）来，并试图就用这么一款“小打小闹”的武器，来背负起一个超级军事大国军队制式步枪的换代重任，自然是不太可能的事情！于是，美国在宣布终止 XM8 装备计划的同时宣称，在 2015 年之前，军方不会再整体装备新式步枪来替换现役步枪，也就是说，AR/M16 系列步枪在军中的服役年限将要超过 50 年。

20 世纪 50 年代，尤金·斯通纳来到阿玛莱特公司，并为参加美军步枪选型设计了 AR10 7.62 毫米自动步枪。尽管 AR10 在当时的设计思路和使用新材料方面非常前卫，但由于时间仓促和试验阶段产生的一些问题，最终斯普林菲尔德兵工厂的 T44 胜出，也就是后来的 M14 步枪。

▲——美国阿玛莱特公司生产的 AR 步枪

为特战而生

越战催生了小口径高速枪弹的发展，与越南民主共和国军队短小且火力强大的 AK47 相比，M14 已经不适合丛林战的需要，美国军方迫切需要一种更加轻便且火力能与 AK47 抗衡的武器。正是在这种机遇下，多年前作为技术储备而研发的小口径高速枪弹被推向前台，AR15/M16 系列步枪首次登上历史舞台。

自诞生之日起，AR15/M16 系列步枪就已经迈进了特种作战的圈子里，早在定型前的1962年（1963年美国空军将经过改进的AR15命名为XM16步枪，1964年美国空军又把XM16正式命名为M16步枪），它就已经在东南亚的热带雨林被军方实战测试了。

1961年，美国发动了所谓的“特种战争”。那时，美军还是以军事顾问的名义向越南共和国军队兜售武器，AR15自然也在其中。军事顾问们多为战斗经验丰富的资深军官和特种部队成员，通过他们自己的亲身体验和越南共和国军队反馈回的意见使他们意识到——美军应该更换这种AR15步枪了，尤其是特种部队。

前线的呼声和军部的抵制使AR15/M16的出道之路历经坎坷，在惊动了上至总统、下至平民的与M14步枪对比测试后，1963年美国军方终于与柯尔特公司签下了第一个XM16的生产合同，准备装备陆军特种部队和空中机动战术部队以及空降特种部队。

随后，在与越南民主共和国军队残酷的丛林战中，美军特种部队迫切需要一种比M16更加短小的步枪，于是柯尔特公司生产出XM177、XM177E1、XM177E2三种试制型号，被美军的特种作战小组（Special Operations Group）在越南、老挝和柬埔寨广泛使用，海豹突击队也曾是CAR-15的用户之一。

越战结束后，经过综合评定，美国陆军认为CAR-15枪管过短会导致枪弹火药不能充分燃烧从而形成较大的爆音，且中远距离精度也不如M16A1。基于以上原因，军方没有把它定为制式装备，所以它一直都是以试验型号“XM”打头来称呼的（空军部队正式采用，将其命名为GAU-5，并衍生出系列改进型）。越战过后XM177系列基本就结束了它在军队里的生涯，转而作为军事援助提供给亲美国家和进行商业出口，“XM177”这个称呼基本就没人提了。但通过电影、电视等媒体看到这支步枪的美国民众却对其印象深刻，于是到现在，他们多数都把看不到标签的、比标准AR15/M16要短小的AR风格步枪统称为“CAR-15”，这一点和在中国由众多媒体所创出的把大手枪叫“五四”、小手枪叫“六四”的习惯如出一辙。

◀越战时参战的韩国军队装备的M16A1步枪

20世纪后期的AR

越战后至海湾战争前，美军装备的主力步枪仍旧是M16A1/A2，而这一时期美军特种部队则是在“试用”柯尔特公司生产的各类短卡宾枪。其中，比较著名的有柯尔特653型，还有随后为三角洲特种部队制造的723、733型，为海军特种部队制造的727型。这些武器始终没有被定为制式，直到今天它们仍沿用柯尔特公司的内部编号。

这里要着重提一下M16A2步枪，因为它是目前装备时间最长的一款AR步枪，而且为后来M4卡宾枪的发展奠定了基础。M16A2的装备主要是因为在20世纪80年代，比利时的SS109 5.56毫米枪弹被选定为北约标准枪弹。对比美军装备的M193弹，这种枪弹无论是弹道性能还是终点效能都要好很多，但是对发射枪管的缠距（子弹在枪管内旋转一周通过的距离）有要求。M16A1 虽然也可以发射 SS109 弹，但是过长的缠距（M16A1 枪管的缠距为 305 毫米，M16A2 枪管的缠距为 178 毫米）使枪弹的优点不能充分发挥。

基于作为北约成员国和对新式枪弹的兴趣，美军对 M16A1 进行了改进，而这些改进也就成为军事爱好者们区分 A1 和 A2 的依据。

1982 年 9 月，美国军方把经过改进的 M16A1E1 正式命名为 M16A2。海军陆战队首先采用了 M16A2，而陆军方面对换装不是按他们要求改进的 M16A2 持抵触情绪，所以直到 1985 年才采用 M16A2。

柯尔特公司也生产过可以全自动射击的 M16A2，但是军方装备较少，多数用来出口。后来出现了平顶机匣的 M16A2，具备连发功能，机匣上部是皮卡汀尼导轨，这就是昙花一现的 M16A3 步枪。经过奈特公司的 RAS 导轨护木改装后的 M4A1 式样的上机匣与 M16A2 下机匣的混合体——M16A4 步枪一直装备至今。

▲—— M16A4 的机匣右侧，其实它是 M16A2 的下机匣和 M4A1 的上机匣的“合成”。

M4 诞生

“除非对方只有几个人，除非己方有火力和人数上的绝对优势，否则不要轻易攻击那些成群拿着‘短 M16’的美军们，因为他们通常都是特种部队！”这是第一次海湾战争中，伊拉克老兵对新兵的嘱咐。

第一次海湾战争是 M4 卡宾枪的首次登场，虽然在此之前柯尔特公司专门为特种部队和特种警察执法部门设计了一系列短突击步枪，但它们远没有 M4 影响深远。1991 年 3 月，它被正式命名为美国 5.56 毫米北约口径 M4 卡宾枪（The United States Carbine, Caliber 5.56 毫米 NATO, M4）。1994 年，根据部队反馈意见由柯尔特公司设计的一种平顶机匣的 M4 卡宾枪被美军定型，并命名为美国 5.56 毫米北约口径 M4A1 卡宾枪。

M16A1 与 M16A2 外观上有哪些区别?

枪管——A2 的枪管比 A1 粗些，但这只是将护木保护部分之外的枪管管壁增厚，这可以增加枪管的刚性，有利于延缓连续射击时枪管温度过快升高，同时对提高射击精度也是有益的，但护木里的枪管直径与 A1 却是相同的。另外，A2 的护木也由 A1 的三角形改为圆柱形，护木上有加强肋条，起到了防滑的作用，比 A1 前窄后宽的护木更容易握持。

枪托——A2 枪托增加了 16 毫米，并且采用新型纤维增强尼龙，枪托底部有防滑纹，不仅抵肩射击更加舒适，而且枪托也更加坚固。

瞄具——照门的风偏和高低可调（A1 不能调风偏），照门调节范围 300 ~ 800 米，增大了觇孔的直径，由 A1 的 2 毫米改为 5 毫米，准星也由圆柱形改为四棱柱形。

握把及扳机护圈——A2 的小握把上增加了手指卡槽，扳机护圈下方可以打开，即使是冬天戴着连指手套也可以进行射击。

消焰器——A2 取消了枪口消焰器上向下的开孔，主要是为了减少连发时的枪口上扬和避免卧姿射击时吹起地面尘土而暴露目标。

抛弹窗——A2 在抛壳窗的后部增加了一个凸起，可以防止弹壳后抛时伤及射手，特别是左撇子射手。

M4A1 与 M4 的差别除了把固定提把改为皮卡汀尼导轨之外，还应部队要求把 3 发点射改为了连发射击。M4/M4A1 卡宾枪其实是以 M16A2 为基础改进的卡宾型步枪。有 80% 的零件与 M16A2 通用，最大区别是枪管由 508 毫米变为 368 毫米，而且护木外枪管处有个“缩颈”设计，方便固定 M203 榴弹发射器。枪托为四段位伸缩式，后改为六段位，枪托伸出时比 M16A2 短 170 毫米，而缩入时要短 250 毫米。照门设定最远为 600 米，比 M16A2 少 200 米。

正在舰船上进行训练的海豹突击队队员，装备 SOPMOD M4 卡宾枪，右边的士兵护木上方安装的是比较新的 AN/PEQ-15 红外照射器。

可以说 M4/M4A1 卡宾枪是一支真正意义上专门为特种作战打造的步枪。在美国特种作战司令部把 M4A1 卡宾枪定为制式步枪之后，美国特种作战司令部又提出了 SOPMOD（Special Operations Peculiar Modification）“特种作战特别修改”附件计划。各类导轨接入 / 适配系统、光学瞄具、红外线 / 激光指示器、战术手电、减音器、小握把等附件应运而生，极大的增强了 M4 卡宾枪的战术性能和打击能力。特别是在 2000 年以前没有大面积换装的时候，M4 卡宾枪绝对是特种部队的象征！即使是今天势头正劲的 SCAR、HK416/417 已经开始在特种部队试用评测，而且 SCAR 已经拥有了它的制式命名：Mk.16 和 Mk.17，但植根于 AR 的各类卡宾枪依旧是目前军警特种作战小组的装备主流。

一些媒体经常发布一些前线士兵特别是驻阿富汗美军抱怨 M4 卡宾枪中远距离杀伤威力不足的情况，其实如果仔细分析就会发现，这些抱怨者多是常规作战部队成员。M4 卡宾枪设计初衷之一就是为了给在城市和丛林等近战环境下的特种部队使用，使他们足以应付 300 米内对有生目标的杀伤。其所具有的适应能力强、质量轻、精度高、反应迅速等特性，都是特种作战武器相对于常规武器的差别所在。因此，按常规作战的标准来衡量 M4 卡宾枪的战术性能，存在客观上的缺失，同时也正是因为这种争论导致一些美军常规部队将 M4A1 与 M16A4 混搭装备。

M4 的衍生品

那么，目前装备的制式步枪中有没有比 M4 卡宾枪还要短的呢？当然有，那就是海豹突击队的“招牌”武器——Mk.18 Mod 0 近战步枪。熟悉武器型号的朋友都知道“Mk.”是海军装备的字母标识，Mk.18 Mod 0 最初只配装给海军特种部队使用，但不久便被陆军特种部队（如三角洲部队）和一些技术兵种采用（如美国海军爆炸物品处理小组）。

Mk.18 Mod 0 也是建立在 AR 原理基础之上改进而成的，相对于脱胎于 M16A2 步枪的 M4 卡宾枪，Mk.18 Mod 0 的改进要复杂些，上机匣组件变动较大，以适应枪管被截短后带来的自动循环和闭锁的一系列问题。经过改进的上机匣组件被称为 CQBR（Close Quarters Battle Receiver，近战型机匣），而现在这个近战型机匣也是 SOPMOD 特别附件的一种，一支 M4A1 卡宾枪通过更换 CQBR 机匣就摇身变为了 Mk.18 Mod 0。

KAC

除了柯尔特公司，为军方提供 AR 风格步枪的厂商还有奈特公司（KAC）。有意思的是，他们为军方提供的是口径不同但设计理念却一致的 MK.11 Mod 0（陆军在此基础上对护木、枪托、枪口装置进行了改进，最后定型为 M110）和 MK.12 Mod 0/1（Mod 0 和 Mod 1 在外观上的最大区别在于它们使用的护木不同）半自动精确射击步枪，广泛装备了海军、陆战队、陆军特种作战小组。它们算不得完全意义上的狙击步枪，因为它们通常随作战班组行动，提供中等距离上的火力压制和精确射击，以弥补 M16/M4 系列步枪有效射程和精度的不足，以及传统非自动狙击步枪持续火力差的缺点（美军对狙击步枪精度要求较高，装备量最大且使用最多的仍是 M24 或 M40 系列非自动狙击步枪）。

商业 AR 非“商业”

▲——Noveske 公司和 MagPul 公司合作的结晶——MPL 轻型侦搜步枪

Noveske 公司在 2008 年发布了限量版 MPL 轻型侦搜步枪，迄今为止这款步枪只生产了 50 支，而且在一段时期内厂方不打算继续量产该款步枪，只接受预订合同。

众所周知，Noveske 公司以改装生产 N4 卡宾枪而在业界颇有名气，那么它的这款 MPL 侦搜步枪好在哪里，以至于只接受预订呢？先来看一下它的配置吧！

机匣组：马格普 MPLA 下机匣；Vltor 公司煅造的 MUR 上机匣和一个可以防止转动的护木接口；双手通用的枪机释放扣；双手通用的弹匣卡榫；279 毫米长浮动式 M1913 导轨护木；折叠式前后机械瞄具，马格普 MIAD 握把。

机构实务：范围更广泛的上膛坡道（枪械机构中，将子弹从弹药供应系统中取出，在送入膛室前，与膛室开口对正的部分。一般做成有坡度状，以利子弹滑入膛室），使供弹更流畅，同时也方便适应多种枪弹改造；中距离行程导气系统；击针式发火，枪机经过强度测试。

枪管组：全长 409 毫米柯尔特锻造枪管，1/7 英寸（3.6 毫米）缠度，5.56 毫米口径，枪管采用军标 M249 机枪枪管材质，并且具有 M249 重型枪管才有的铬合金内层（厚度差不多相当于 M4 卡宾枪或 M16 步枪的两倍）；AAC 公司的“灯火管制”可拆卸消焰器。

附件：随枪附带 4 个马格普 P-MAG 黑色无余弹观察窗的弹匣；V-TAC 公司的黑色枪带；马格普公司的 TXM 导轨护片，5 片装；Eagle 公司 LE 低调软质枪袋。

其他：马格普 UBR 型枪托；军标的表面磷化处理；H 型缓冲器。

从配置列表中不难发现，MPL 侦搜步枪可以说是把著名厂商性能优异的配件集于一身，这正折射出现在和未来一段时期内 AR 风格步枪发展的趋势——在结构上突破的难度较大，转而对人机工效、加工材料、工序工艺进行改进。

MPL 定位为侦搜步枪，可见其研发指

向就是瞄着军警部门的。相对于特种部队，执法部门的武器采购更灵活些（同一个州的不同警局使用不同的武器是常有的事）。实际上，军方与执法机构、军方常规部队与特种部队、执法机构的特警小组与军方特种部队，在武器采用方面存在诸多差异，这与他们不同的作战环境、作战方式等因素息息相关。

特警部门为国内执法，容易获得支援，且相比军队经常遇到的风沙雨雪问题来说，其使用武器的外部环境要好得多。

执法部队也有充足的时间对武器进行保养，而军队对此都是牢骚满腹。

特种部队更注重武器的综合性能，因为任务性质决定了他们的渗透、侦察、破坏等行动是在敌占区进行，为了隐蔽通常都是由十几个或是几个人行动，有时还要刻意去找一些人迹罕至、环境恶劣的地方，一旦遇敌，多是敌众我寡。于是，他们要求武器首先可靠性要好，因为他们没有足够的时间对武器进行保养。另外，他们的武器使用强度较高，有时甚至要连续使用十几个弹匣。

军方及特种部队非常强调“反应迅速、先敌开火”，同时还很重视武器的轻量化。

M4/M4A1 卡宾枪就是这样一种综合性能比较好的步枪，这也是为什么军方一旦确定下制式就不肯轻易更换的原因所在。他们使用的每一支武器都是经过了血与火的考验，一般厂商的产品要进入军方甚至是特种部队难度非同寻常，只有警方和民间市场才是这些公司的主要客户。

军方迫于合同因素只能同签约方购买整枪，比如与柯尔特公司的合同期限要到2011年。特种部队对武器的使用和改造的自由度要比常规部队灵活很多，他们为了使技战术发挥更加充分，所以对武器的人机工效要求更高，和常规部队那样让人来适应武器反差较大，因此军警的特种作战小组通常都是改进附件的首批试用者。

小握把、大商机

M16A2 的手枪式小握把相对于 M16A1 来讲增加了一个凸起，以改善握持舒适度和防滑，但相对于现在特种部队和执法部门里流行的马格普 MIAD 握把，那真是“小巫见大巫”了。

MIAD 握把不仅质量更轻，而且表面防滑处理出色，握把内有防水的小贮藏间，可以存放枪机配件、电池或枪弹。握把的前后盖板是可拆卸的，这是为适应不同人的手形和不同的握持要求进行的设计。

MIAD 握把提供了前面 4 种、后面 3 种不同尺寸类型的防滑盖板，根据排列组合计算，它可以提供 12 种不同尺寸和模式的组合，远非一体式握把可比。

▲马格普公司生产的MIAD握把，可以根据需要进行多种组合。

“以人为本”的市场需求，成了近年来一大批生产 AR 外围配件的公司迅速发展壮大的重要原因。这些公司中比较著名的有马格普公司、特洛伊兵工厂、LMT 公司、Tago Down 公司等。

马格普公司成立不过 10 余年，就已经从开始生产弹匣快拨等小配件发展为生产整枪的公司：SHOT Show2007 枪展上展出的 Masada（马萨德）步枪；SHOT Show2008 枪展上推出的 FMG9 折叠式冲锋枪和 PDR 个人自卫短步枪；SHOT Show2009 枪展上又推出了 Massoud（马苏德）步枪。虽然这些产品被军方采用的可能性不大，但在民间市场已经相当有号召力了。马格普公司被军方采用最多的是握把、弹匣快拨、弹匣和枪托。

电影《变形金刚》剧照，男主角使用的卡宾枪枪托就是马格普公司生产的 CTR 枪托。

结语

近年来，AR 风格活塞导气式步枪的发展逐渐升温，代表产品有：德国 HK 公司的 HK416/417；美国 LWRC 公司的 M6 卡宾枪系列；面向警方和民用市场的鲁格 SR556、巴雷特 REC7……它们的发展完善了 AR 风格步枪的体系。

虽然 SCAR 计划的启动与实施，预示着在特种部队里 M4 系列卡宾枪的替换工作已经开始，但时至今日还未见各军种特战部队普遍换装，足见 AR 系列步枪在军中的重要地位。AR 的道路还能走多远，我们拭目以待！

最新特战反恐 MP9 冲锋枪

■TMP 过时了

MP9 是非常适合 CQB（室内近距离战斗）作战的微型冲锋枪，适用于 VIP 警卫和狭小空间内战斗，同时在车辆和飞机上执行任务时也可作为应急用携带武器。但与使用高价 4.5 毫米弹的 MP7 不同，MP9 使用的是与一般手枪相同的 9×19 毫米标准巴拉贝鲁姆弹，不论是军用还是民间采购都很便捷，优势明显。

而且当 MP9 以半自动方式工作时，性能稳定，使用也非常方便，最适合近战防身用。目前，SMG 队列中的 MP5 在很长一段时期内可谓独领风骚，但是现在人们有理由相信，MP5 的地位会随着 MP9 的出现及普及而逐渐动摇——这是因为 MP9 具备了接过 MP5 衣钵的实力！

MP9 虽然是一款冲锋枪，但却拥有不输于冲锋手枪的紧凑外观，在市场上的 9 毫米 SMG 中它无疑属于最小级别。同时由于其使用方便，不断被军、警、特种部队所采用。

从 TMP 到 MP9

随着 CQB、PDW（单兵自卫武器）等概念在全球的“泛滥”，在众多顺应潮流的 SMG（这里指微型战术冲锋枪）中，能够称得上符合现代特战标准的大概就只有 H&K MP5 系列了。其极高的精准度与可靠性，能够满足各种特战、反恐要求，尤其是其针对愈发复杂的各种战况而细分出了更多的发展型枪支，当然不管是加装消声器版还是紧凑型等，每一款的推出都几乎无可挑剔。而为了挑战这一“神作”系列，世界各国各枪厂也曾诞生过无数的 SMG，试图与其比肩，但最终大都悄无声息地退出了历史的舞台。

但这一局面在近年来开始改变。H&K 公司因为生产限制等问题，已经开始大幅削减 MP5 的产量，甚至有传言 MP5 将会停产。当然，MP5 预计还会继续生产，毕竟其还是有相当的市场和口碑。但作为它的继承者，H&K 早已经开始发售同样能够使用 .45 口径的一款枪型，虽然采用了聚合物材料后新品价格变得更为便宜，但仍无法超过“大哥”MP5 的地位。

MP5 的神话能否由其他公司的“后辈”终结，实在是难以预料，但回顾历史，奥地利斯太尔公司的 TMP 就曾经是 MP5 的“手下败将”之一，这是不争的事实。向全世界推广无托式设计并成功生产出了为欧洲许多军队所采用的无托式突击步枪 AUG 的就是斯太尔公司。而 AUG 与 TMP 的设计师其实同为一人，所以很多理念是

▲MP9的紧凑感让人感到，这似乎就是在手枪上装上了枪托、上部导轨、右侧可拆卸导轨、固定式的垂直小握把等部件。以TMP为原型的设计理念很具现代感，斯太尔公司虽有AUG这种走在时代前沿的设计理念，但有时却又过分超前。现在，他们的原始理念经B&T公司之手复活了，并且制造出了完全符合时代的产品。

相同的，当年那款TMP独具斯太尔的特色，并且造型十分紧凑，但由于枪机设计上的缺陷，导致其最终销声匿迹。

而TMP在国内为人们所熟知，依旧离不开电脑游戏CS的“枪械普及工作”，毕竟，在游戏里，TMP是警用SMG中与MP5并驾齐驱的一件“特色武器”。而在现实中，TMP的基本理念也被奥地利的邻国瑞士B&T公司所看重，在改进了TMP的缺点之后造出的这款枪就是MP9。B&T对TMP的19处做了改进，其中最大的改变就是枪机的形状，就是这一改变使得MP9的枪机具有高于TMP几倍的耐久性，同时加装了皮卡汀尼导轨。但不难看出，MP9的外观还是明显传承自TMP的传统造型，而定名MP9似乎大有借势MP5并超越的态势。

MP9是市场上9毫米口径的SMG中尺寸最小的一款，同时具备改装性强的特点。枪托的配备使射击变得更为简单稳定。虽然造型紧凑是这支枪的优点，但就算是9毫米的口径，采用全自动的话即使是双手持枪仍不能保持稳定，所以对于全自动武器配备枪托（可折叠、可伸缩等形式）逐渐成为标配。

用MP5K进行全自动射击，只有前面的几发能够击中5米外的目标，其余的想要控制就很困难了。而在加装枪托之后，弹匣中所有的子弹都能命中目标，可见枪托稳定作用十分重要。MP9采用的是折叠枪托，可以瞬间从折叠状态变为打开状态。而MP7的伸缩式枪托无论怎么熟练，在速度上还是不及这种折叠式枪托快捷。

▲保加利亚某特战部队在进行VIP警卫模拟训练，使用了MP9的蓝色训练枪。

枪托的一款变形。枪托的位置比一般型要低，这样当佩戴有防弹罩的头盔时可以方便瞄准。

树脂制枪身的 MP9 有多种颜色。蓝色为训练时发射训练弹专用，弹匣容量 15 发，造型更为紧凑。

▲简洁的左侧面。弹匣解脱钮的操作与手枪相同，所以习惯半自动手枪的人使用起来很简单。

▲树脂制的枪托十分坚固，采用全自动方式射击也完全没问题。枪托折叠后能够与枪身紧密结合，不会有任何钩挂。垂直小握把的位置设计也恰到好处，能很好地与折叠后的枪托紧密结合为“一体握把”。

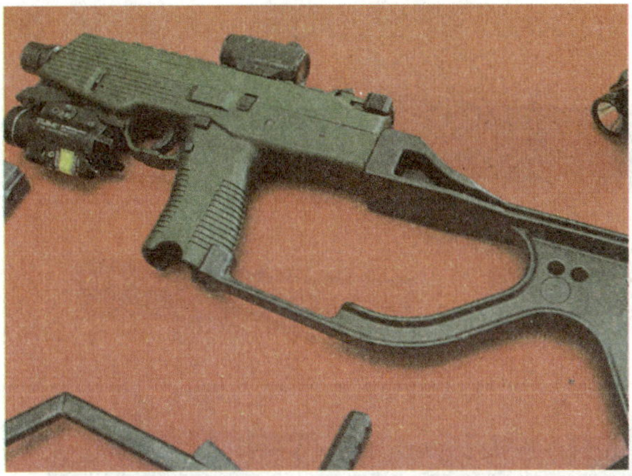

TP9 手枪的基本型。这时枪上还有枪托，之后生产的手枪把这部分去掉了。

拥有固定枪托的 TP9 卡宾枪。枪身颜色为 OD（军绿色），去掉垂直小握把后，该位置上装有导轨，可以搭载激光瞄准器和战术灯。

改进枪机系统的缺点、在 MP9 的机匣顶部加装了导轨的 TSP A1 型。TSP A1 称得上是 MP9 的原型，只有半自动一种方式，在瑞士和德国的民间市场上就能够买到。这款枪没有扳机保险，感觉只是在 TMP 上加装了导轨而已。

分解。将与格洛克相似的分解栓（小握把上方）向下扳就可以进行分解。接着拉动外枪管上部可以看到刻有“UP”的卡榫。然后再按下枪体后部的导杆，就可以分离上机匣组。最后从中卸下枪机和枪管。

▲因为采用的是回旋式枪管，所以枪管、枪管套管、枪机能够成组卸下。

变形枪 TP 系列

众所周知，制造了 MP9 的 B&T 公司是以制造消声器而闻名的，所以 MP9 在最初就装备了拆卸方便的消声器。但是在加装消声器后射击时，发射气体会被消声器内部挡住一部分，而被挡回之后就会从拉机柄（类似 M4 相同位置的 T 字形拉机柄）位置流出，直接吹到射手的脸上。

这种情况在半自动连射时还好，但若是换成没有“丝毫喘息”机会的全自动射击时问题就比较大了。因此考虑到有些使用者会经常使用消声器，所以带有拉机柄罩的变形枪登场了。

一时间，MP9 的销量所向披靡，欧洲各国的警察、军队和特种部队纷纷采用。MP9 在法国部队中的销售、反响非常好，甚至有些人认为这款枪要好于 MP5！

仔细倾听这些使用者的反馈，MP9 后来又增加了变形枪的种类——卡宾枪型和手枪型。两种枪型都去掉了带有前护手的固定式垂直小握把，而在此位置加装了皮卡汀尼导轨，相应的型号也从“MP”变为了“TP”。TP9 卡宾枪为固定式枪托，而 TP9 手枪与 TMP 相同，标配去掉了枪托。

▲与 EAGLE 公司合作出品的 MP9 战术配件，战术背心的设计完全依据 MP9 的需要。

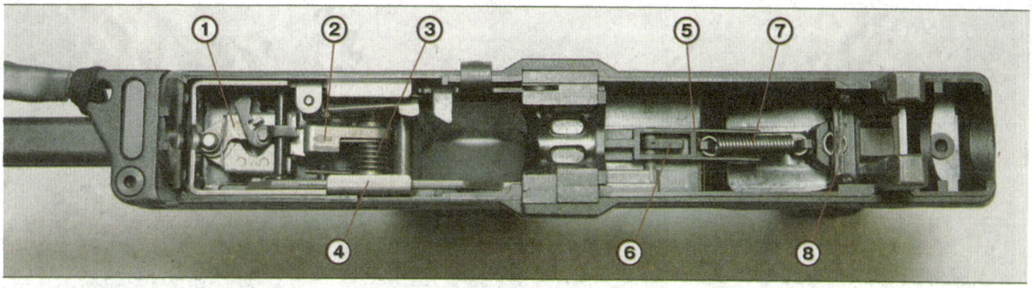

这款枪紧凑的秘密在于内部零件采用横向排列。
①击锤阻铁 ②击锤 ③击锤簧 ④机框卡槽 ⑤扳机 ⑥扳机保险 ⑦扳机簧 ⑧分解栓

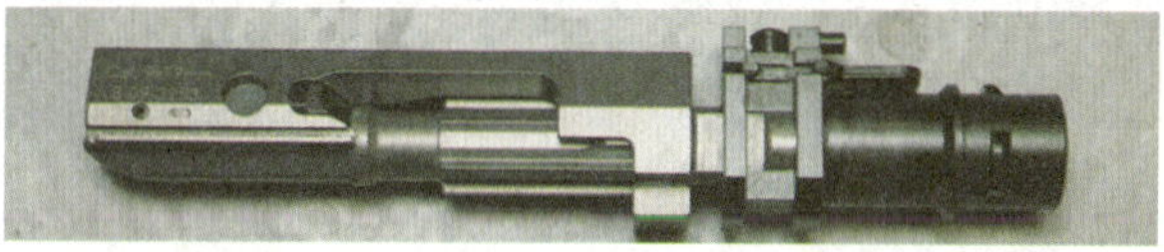

击发之后，枪机和枪管都会向后退，同时枪机会开始转动。再继续向后退，随着枪机的转动闭锁解除。

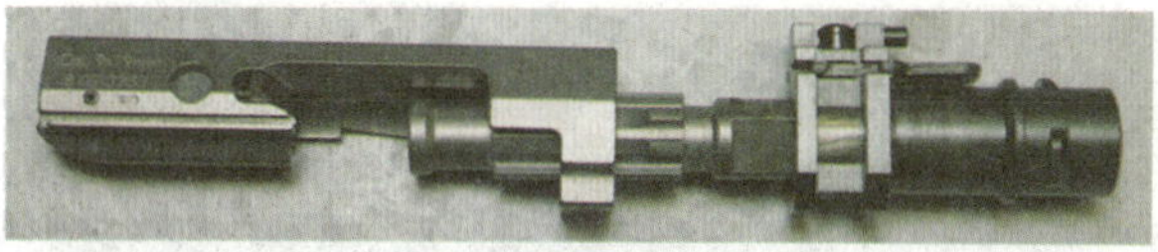

闭锁解除，枪机后退。在抽壳钩的作用下弹壳被排出，枪机返回的过程中下一弹被送入膛室。

MP9 的弹匣与自动手枪一样设置在枪把中，因此使用过自动手枪的话，用起来就比较容易。并且因为是紧凑型，大小和手枪差不多，所以使用起来非常灵活。

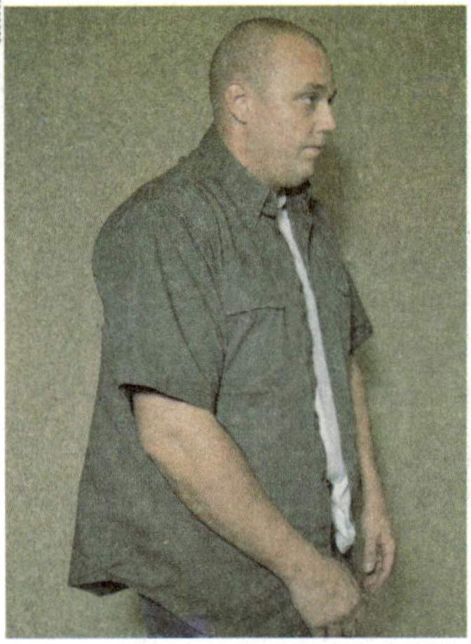

演示 MP9 紧凑型从隐藏到掏枪后迅速做好准备姿势的过程。

紧紧盯住目标，迅速准确地握枪。

用另一只手把枪托快速展开。因没有弹簧助力，所以枪托展开全部要手动。完成后让枪与自己的视线持平。

拉动拉机柄的动作与 AR15 系列相似，但据使用者介绍，这实际上更像是拉动自动手枪套筒时的感觉，可以料想其操控非常轻松。

将枪托展开之后抵在肩上，左手顺势握紧垂直小握把，将整个枪稳定在身体上。

如此灵巧的枪适于 CQB 作战，图中的场景为突入室内对假想的数个目标进行正面射击。

实射

通过实射，可以更好地了解 MP9 的性能。该枪上手很快，因为操作方式与手枪几乎相同，采用的也是将弹匣插于枪把中的设计，格洛克式的扳机力感知保险。虽然细但很结实的枪托，长度适中，并与垂直小握把的分布距离合理。不管是穿着防弹背心还是战术背心都非常合适。

实射后，很多人反映拉机柄与 MP7 很相似，而在使用上更像人们熟悉的 AR15（M16/M4）系列，所以对欧美使用者来说，对 MP9 的操控感觉会很熟悉。枪托的位置稍稍低于枪管的延长线，瞄准基线也有所降低，所以可以使用小一些的瞄准具。虽然击发时枪口会稍稍上跳，但幅度很小，而且熟悉枪的人马上就能习惯，毕竟只是 9×19 毫米手枪弹。

B&T 公司出售的原版战术套件也可以用于射击比赛，进行快速射击。关于其他配件，B&T 与美国 EAGLE 公司合作出品过 MP9 战术配件，那些配件都是针对 MP9 设计的，如战术背心上的口袋大小就是根据 MP9 弹匣的尺寸而设定。

格洛克式的扳机保险，扳机力很容易控制。B&T Logo 下面的是枪机卡榫按钮，位于扳机护弓底部的是弹匣解脱钮。

H&K 系列经典特战武器

■无可比拟的军团

HECKLER & KOCH（赫克勒－科赫）是当今世界上最具实力的枪械公司之一，其为世界军、警、特战组织和人员生产了大量备受瞩目的各式枪械轻武器装备，得到世界范围内使用者们的普遍认可和赞誉。自从 MP5 风靡以来，H&K 公司就站到了 CQB 武器生产的最前沿，并一度成为行业的“标杆”。现在 H&K（美国）公司的主力武器在此一并全线出击，公司通过现役警察和特种部队的战士们来进行专业化展示，让人们体味一种“人剑合一”的至高境界！

MP7A1 冲锋枪

MP7A1 冲锋枪最适合执行 SWAT 任务，便于开展 CQB 战术，同时还适合直升机和特种车辆驾驶员。短弹匣为 20 发，长款为大容量 40 发，长弹匣极具现代感。

Brugger & Thomet 公司生产的 MP7 专用消声器，安装在防火帽上，通过转动即可实现快速装卸。

型号MP7A1

全枪长：　640 毫米（枪托折叠时 420 毫米）
全枪重：　1.9 千克
枪管长：　180 毫米
口径：　4.6×30 毫米
装弹数：　20 发、40 发
射速：　930 发 / 分

G36 系列

该系列是举世公认的轻量且操作性优秀的枪型，秉承了精良的德国制造精神。即使发射 20000 发以上也无需清洁，枪身寿命极长。作为世界级杰作“G3”突击步枪的续作 G36 系列，一经开发出来便受到全世界的瞩目，从 1996 年被德军制式采用至今也已经 10 余年了。

枪身长 508 毫米的全尺寸版为“G36”，枪身长 292 毫米的卡宾版为“G36K”，枪身长 229 毫米的紧凑版为“G36C”，这些枪浑身上下都满载着先进的科技结晶。德军多选择配备了 3 倍瞄准镜和 1.5 倍反射式瞄准镜（内红点瞄准镜）的枪型，而美国的执法机关则以配备 M1913 皮卡汀尼导轨的枪型为主流。

▲ G36 系列

3名警察所持的枪从左起分别为USP手枪、USP手枪（加装了消声器）、MP7A1。通过MP5的成功推广，在世界范围内H&K公司深得警界信赖，随后该公司在开发威力更大的政府机关用武器（三款枪都采用9×19毫米高威力弹药）方面投入了很大精力。

图中除了G36C外，还混杂着几支UMP。UMP是H&K公司除MP5外又一个著名的系列冲锋枪，该系列摒弃了MP5闻名于世的滚柱闭锁方式，而采用了更加简单的闭锁机构。这样一来就能够适应“.40 S&W”和“.45 ACP”这两种威力强劲的弹药。UMP系列枪体多采用树脂材质，与重量为3.2千克以上的MP5A5相比，2.3千克左右的重量可以说在轻量化上取得了成功。在电影《007量子危机》中，比较新款的UMP45还成为了詹姆斯·邦德的爱枪。

▲ MG36

MG36

该系列枪型适用性很广，比如将全尺寸的 G36 配以两脚架和 100 发 C–MAG 供弹具来使用，这时虽说 G36 是步枪，实际上已经接近于 SAW（分队支援武器）级的火力了。

型号MG36

全枪长：	999 毫米（枪托折叠时 758 毫米）
全枪重：	3.4 千克
枪管长：	480 毫米
口径：	5.56×45 毫米 NATO（.223 Rem）
装弹数：	30 发、100 发（使用 C–MAG）
射速：	750 发 / 分

MSG90

该款枪是将著名的半自动狙击步枪“PSG-1”进行约1千克的轻量化后的产品，并且，其简化了内部机构装置和整枪的制造工艺。虽然这款枪的初期型完成于20世纪80年代，但今天看来其在性能上也毫不逊色。

美军还曾考虑过将其采用为制式装备，但后来据说因为其造价昂贵而放弃了采购计划。随后，虽然美军逐步将奈特公司生产的SR25制定制式编号“Mk.11 Mod.0”或“M110”后采用，但许多人依旧对PSG-1情有独钟。

▲安装了 Schmidt & Bender 公司制造的瞄准镜，该款枪仅为半自动型。

型号MSG90

全枪长：1128毫米
全枪重：6.29千克
枪管长：600毫米
口径：7.62×51毫米NATO（.308 Win）
装弹数：5发、20发

▲—— HK45（左）与 HK45C（右）

HK45 与 HK45C

现在，USP 紧凑型 .45SD（带有消声器版）被制式定名为“Mk.24”，与 SOCOM 手枪“Mk.23”一同被美国海军采用。而这款 HK45 与 HK45C 相当于其后续型。

带来特殊攻击力的步枪榴弹发射器

■战士的"华丽大招"

目前来说，与步枪相配合使用的单兵榴弹装置基本分为枪口榴弹和枪挂榴弹两大类，并且随着战场环境的发展和变化，现在供单兵使用的独立榴弹发射武器系统也逐渐成为一种新的火力装备趋势。

最近，美军装备新式武器的消息在国内被很多非专业媒体炒作了一把：美国陆军已经宣布将在2012年装备XM25（单兵空爆弹武器），预计采购量超过12500具，每个步兵班将装备一两具，未来美国陆军步兵从此新增了一样利器。

人们期盼已久的OICW计划似乎终于有点眉目了，于是，越来越多的人除了对榴弹武器强大的威力有所认识外，也开始更多地关注起"枪榴"家族的发展。

▲XM25 AWS（Airburst Weapon System）空爆武器系统
与其他单兵榴弹武器相比，XM25射程远，精确度高，更可以对隐蔽处的敌军有效杀伤，这势必又将引领一股新的轻武器发展趋势。

诞生缘起

步枪榴弹发射器最初就是在步兵使用的步枪枪口上安装发射装置，在发射装置上直接安装榴弹，这样可以使原本靠人力投掷的距离有限的手榴弹攻击距离更远，攻击目标更加准确、威力更强大，于是区别于"手榴弹"的"枪榴弹"由此诞生。

虽然榴弹发射器在16世纪左右就已经出现了，但是现代意义上的步枪榴弹发射器雏形最早出现还是在第一次世界大战之中。

在陷入堑壕战的第一次世界大战中，战况胶着，消耗严重，为解决这种难熬的局面，军队急需要开发一种能使手榴弹增大射程以杀伤对面战壕内敌军的武器，这就是研发枪榴弹的最初理念。

在第二次世界大战中，枪榴弹的用途越来越广泛，已经不限于对人，比如还用于对碉堡、轻型装甲车辆的攻击等。由于这类武器便于步兵随身携行，且与手榴弹相比，可以对敌进行远距离攻击，同时相比子弹的点杀伤又具有大威力的面杀伤效能，因此被视为步兵手中的珍宝。实际上，手榴弹的投掷距离最远是50米左右（依个人能力不同），而枪榴弹根据种类的不同其实际投射距离也不一，最远射程是250米左右。

二战中各国军队都配备了枪榴弹，作为发射装置的榴弹发射器大体可以分为内装式和外装式两类。二者都是安装在枪口位置，内装式是将枪榴弹放入发射装置内部发射，外装式则是将枪榴弹装在发射器的顶部枪口端来发射。

外装式榴弹发射器使用的是专用空包弹，利用燃烧气压来投射榴弹。由于步枪榴弹便于步兵携带，可以远距离攻击敌人，与小口径迫击炮有同样的性能功效。旧式外装式榴弹发射器一般使用步枪自身的瞄具来对目标进行攻击，所以精度不是很理想。

另外，作为步兵的反装甲（坦克）武器，步枪榴弹发射器发展得更加多样化。美军在二战时期除了装备M1加兰德半自动步枪外，还配置了春田（斯普林菲尔德）兵工厂手拉栓动式步枪，它们都配有专用的榴弹发射器。另外，为防止抵肩发射榴弹时士兵被后坐力震得肩疼，美国还特意开发了安装在枪托上用于缓冲的橡胶制缓冲垫。

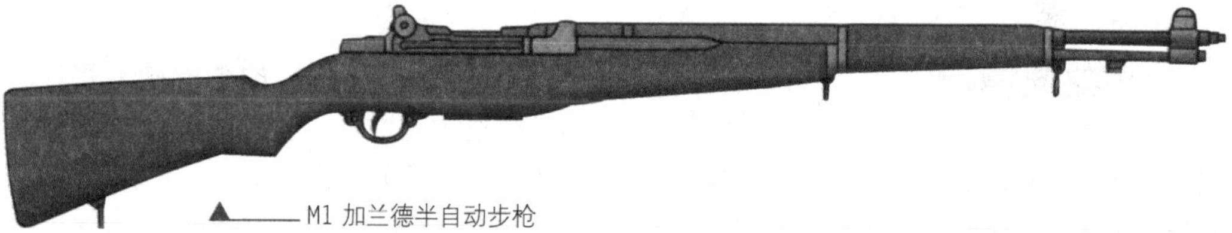

▲——M1 加兰德半自动步枪

第二次世界大战中，在美军步兵部队装备的半自动步枪中，由加兰德设计的M1半自动步枪是性能最优秀的半自动步枪。美军于1936年开始采用该枪作为军用制式半自动步枪来生产，直至第二次世界大战结束，大约生产了420万支。

▲——枪榴弹发射器安装状态

美国陆军 ACU 涂装的 XM25

发展情况

实战证明，榴弹发射器和各种榴弹在战争中具有强大效用，所以第二次世界大战结束后各国陆续开发了各种各样的步枪榴弹发射器。这其中，美国 M203 步枪榴弹发射器是从 20 世纪 60 年代末开发至今仍在使用的单发榴弹发射器，因为 M203 安装在 M16 系列步枪的护木下面，为了区别（枪口）外装式，于是称为枪挂榴弹发射器。其最短射程为 35 米，有效射程 350 米，最大射程 400 米，可以发射各种用途的 40 毫米榴弹。

M203 发射的 40 毫米榴弹中有高爆榴弹、催泪榴弹等多种，它们的威力相当于小口径迫击炮的威力，给火力较差的步兵单兵提供了强大的火力支援。

现在，美军所使用的榴弹发射器家族可谓“人丁兴旺”，除了挂于步枪护木下的 M203 榴弹发射器外，还有往弹鼓或弹箱内装填榴弹来进行连续发射的各种榴弹发射器。

今天，如开篇提到的美国早已经开发了更加先进的 XM25 25 毫米空爆多功能榴弹发射器，并且马上就要制式装备。该武器可以像自动步枪一样，连续以空爆模式来发射各种 25 毫米榴弹。

M203 枪挂榴弹发射器

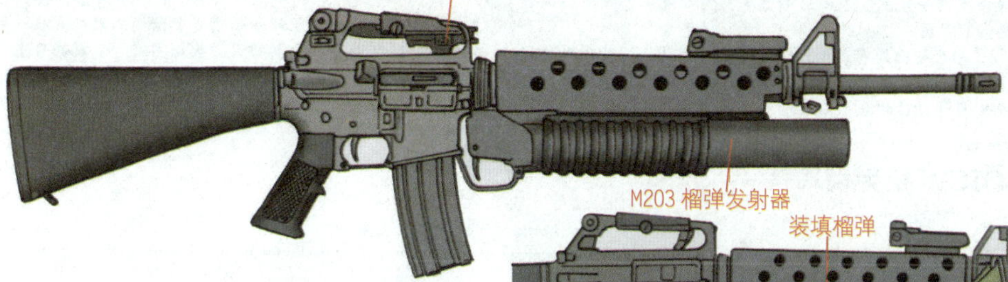

加挂 M203 40 毫米榴弹发射器的美军 M16A2 步枪

大名鼎鼎的 M203 枪挂榴弹发射器拥有小口径迫击炮的威力和射程，却可以任由单兵来将其与步枪一同方便地携行使用，使用起来甚至比步枪操作更加简便高效。这种武器装备的理念其实由来已久，给人们留下深刻印象的就是越南战争，其中美军大量使用的就是 M79 榴弹发射器和 M16 步枪下挂的 M203 榴弹发射器。

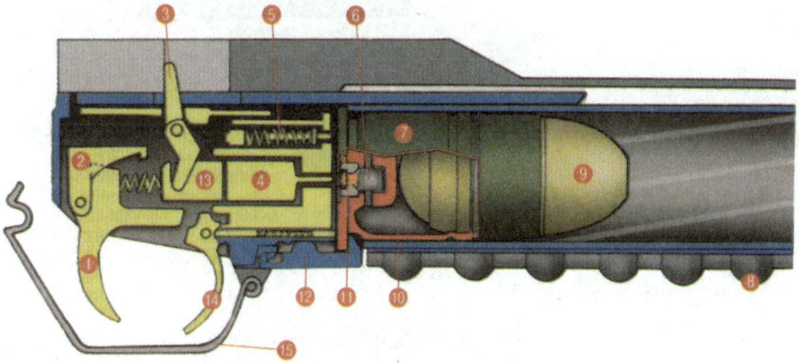

M203 榴弹发射器的构造

①扳机 ②击锤阻铁③击锤簧杆 ④击针⑤抛壳挺⑥高压底仓 ⑦榴弹弹壳 ⑧发射筒⑨弹头 ⑩低压底仓 ⑪底火 ⑫拉壳钩 ⑬击锤 ⑭发射保险 ⑮扳机护圈（为了让射手带着厚手套也能够操作，护圈可以向下打开。）

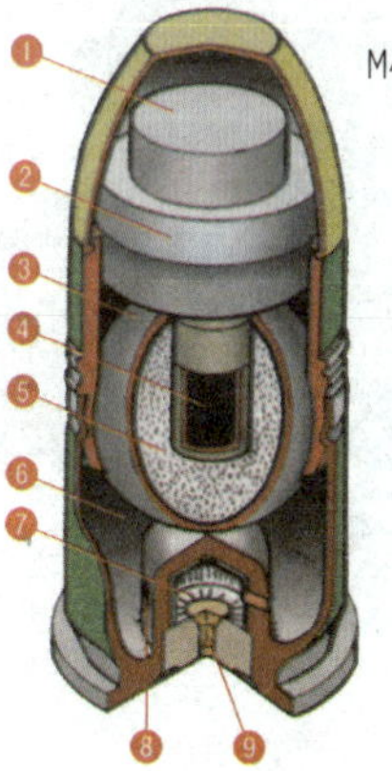

榴弹的基本结构——（M381 高爆榴弹）

①撞击引信②雷管③榴弹弹头火药室④高效起爆药⑤炸药 RDX（黑索金）⑥低压底仓⑦高压底仓⑧底火⑨气体喷出孔

被发射出的榴弹由于离心力的作用，保险装置自动脱落、雷管同时启动"待命"（这个过程大概是榴弹自由飞出射筒后 2～3 米）。在撞击目标后榴弹爆炸，榴弹外壳爆炸成 300 块以上的破片，有效杀伤半径为 5 米。

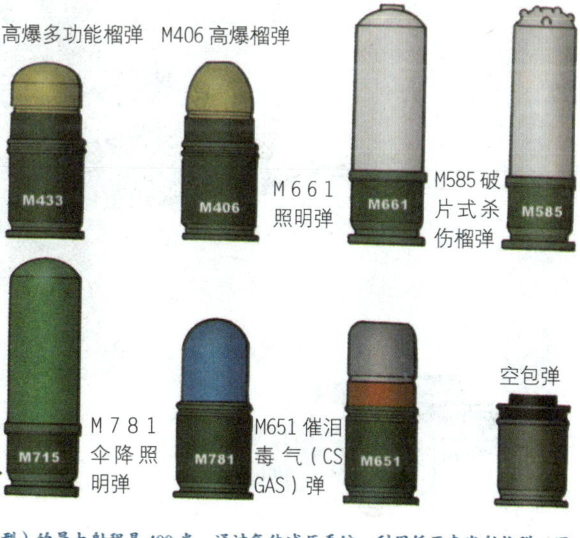

各式 40 毫米口径榴弹

40 毫米榴弹（有杀伤榴弹、催泪弹、信号弹等多种弹型）的最大射程是 400 米。通过气体减压系统，利用低压来发射榴弹，因此在使用中不会造成很大的后坐力，所以操作简单的发射套筒部分由铝制造，重量较轻且便于携行和使用。

新型榴弹发射器系统

美国从1990—2000年开发了作为21世纪美军"理想单兵武器系统"——OICW（objecti indiivijual combat weapon）。众所周知，它是要将5.56毫米口径的M16/M4系列步枪及20毫米榴弹发射器一体化，并通过FCS（火控系统）来操控的高性能单兵武器系统。

20毫米步枪榴弹有新型的瞬爆模式（碰到坚固物体时瞬间爆炸）、空爆模式（为扩大攻击威力，在目标上空爆炸）、迟爆模式（穿过目标物表面后爆炸）、风模式（经过激光测定目标物后，在射击手指定的距离爆炸）4种发射模式，通过在枪榴弹雷管中的输入来选择爆炸模式。发射时冲击小，容易控制。由ATK（Alliant Techsystems）公司开发。

最终，XM25取代现用的M203榴弹发射器，把弹匣安装在枪托上，完全改变了理念而形成了所谓的无托式自动榴弹发射器，并安装激光指示器的火力控制系统。只要将目标与瞄准器对准，火控系统就会自动计算弹道，进行瞄准操作。

为了增加发射25毫米枪榴弹的破坏力，现有空爆模式和瞬爆模式两种，通过选择不同爆炸模式来使榴弹产生相应爆炸。

OICW 枪弹模式

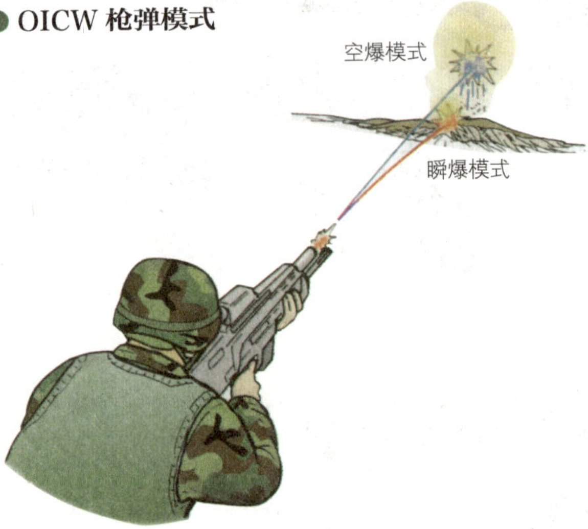

OICW 的弹药

▲20毫米枪榴弹（高爆弹）

▲20毫米训练弹

▲5.56毫米步枪弹

OICW 初期型

▲XM25 AWS（Airburst Weapon System，空爆武器系统）

国产新型 QLZ04 式榴弹发射器

中国特战“利剑”

操作 04 式榴弹发射器

1997 年，驻港部队三军将士携带国产 QLZ87 式 35 毫米自动榴弹发射器（简称 87 式榴弹发射器）公开亮相。中外多家报刊杂志争相报道，军事评论家对该武器的评价是：在当今世界众多的自动榴弹发射器中，QLZ87 式榴弹发射器独树一帜，既充分体现出武器系统应当具有的良好机动性，又具有世界上同类武器无可比拟的终点效应……这是一个里程碑，同时也是一个起点！

2004 年，为更好地适应我军各部队机械化程度日益增强的需要，中国轻武器研发工作者们又隆重推出了一款符合 21 世纪战场需要的新型榴弹发射器——国产 QLZ04 式 35 毫米自动榴弹发射器（简称 04 式榴弹发射器）。这里将以详细图解的形式揭开其神秘面纱，并将其与大名鼎鼎的 87 式榴弹发射器进行对比展示。

04式榴弹发射器由发射器主体、弹箱（弹链）、三脚架及瞄准镜等部件组成。

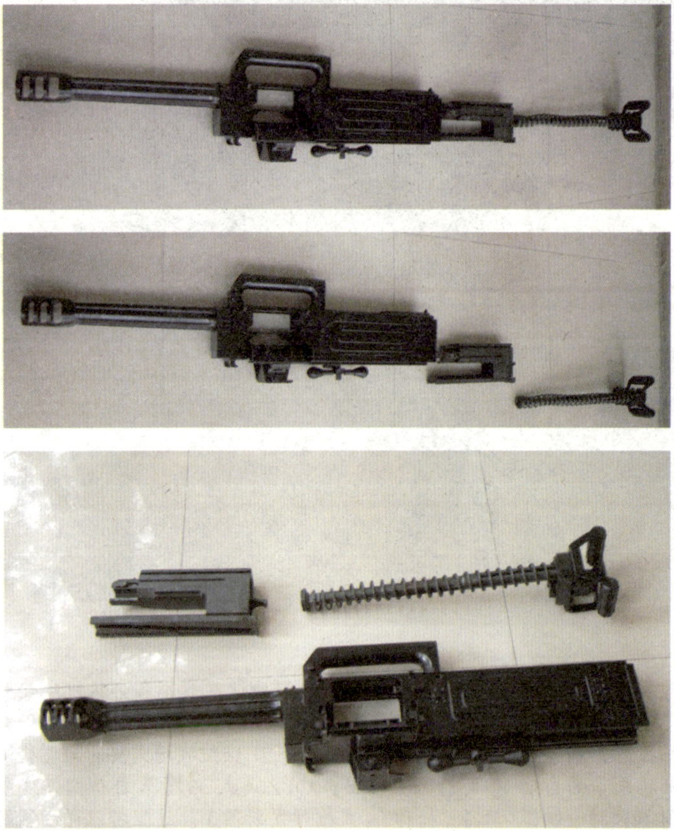

▲——发射器主体由发射机组件、枪机组件及身管组件构成，其中发射机组件与枪机组件均为“积木式”的模块化设计。

▲——发射机组件同时具备3种功能：一是可当枪尾使用，承受自动机后坐到位的冲击力；二是可当击发机构使用，控制单发和连发；三是可作为复进机构，将复进簧预压在复进簧导杆上，保证自动机及时复进到位。

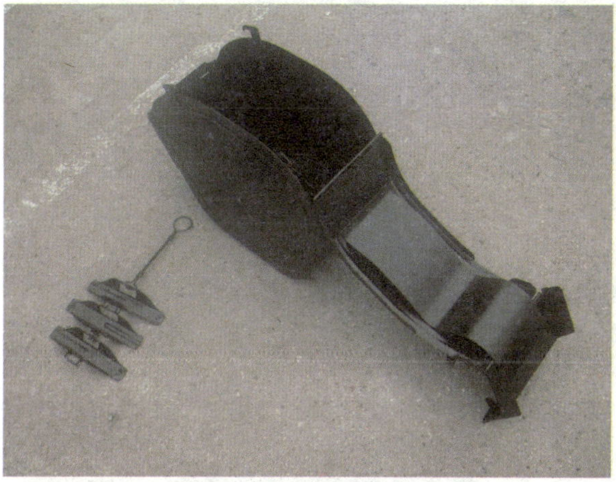

▲ 04 式榴弹发射器的制退器，明显区别于 87 式榴弹发射器。

▲ 04 式榴弹发射器的弹链

04 式榴弹发射器采用携弹量更大的弹链式供弹机构，且弹链为可散式，30 节为一组，弹链盛于弹链箱（弹箱）内。这要比 87 式榴弹发射器当时所采用的 15 发弹鼓式的容弹量整整高出 1 倍。因而，04 式榴弹发射器的火力持续能力也就相应的比 87 式榴弹发射器高出 1 倍，在瞬息万变的实际战场环境中能大幅度地提升我军分队的主动攻击能力和快速机动能力。

榴弹发射器上的膛口装置（制退器）用于减少大口径武器击发后所产生的后坐能量及减小枪口的跳动，以使得射击更加稳定。

04 式榴弹发射器的制退器采用近似圆柱形设计，在制退器的左右两侧分别开设有 3 个侧排气孔，上部开设有两个排气孔，用以在武器击发时向外界喷射火药燃气，这样大幅度减少了武器发射时的后坐力和后坐冲量。而 87 式榴弹发射器的制退器采用的是近似圆锥形结构，仅在该制退器的左右两侧各开有两个侧排气孔，正上部没有开排气孔，为封闭式结构。

▲ 04 式榴弹发射器的枪机组件

04 式（下图）与 87 式（上图）榴弹发射器的膛口制退器对比，从图中可以看出，87 式榴弹发射器的制退器形制接近于人们都非常熟悉“反器材之王”巴雷特 M82A1 的制退器样式，而相比之下，04 式榴弹发射器的制退器所起到的制退及防跳效果会更好些。

苏联 AGS-17 型 30 毫米自动榴弹发射器

美国 MK19-3 型 40 毫米自动榴弹发射器

04 式榴弹发射器使用了与国产 67 式重机枪及美国 MK19-3 型 40 毫米自动榴弹发射器结构形式相同的三脚架，技术成熟、结构简单，较好地解决了 87 式榴弹发射器的三脚架在使用过程暴露出的齿轮卡扣不紧和不便于快速操作等问题。

▲ 04 式榴弹发射器的平架状态

04 式榴弹发射器的高架状态 ▶

▲ 04 式榴弹发射器主体及三脚架

块状的枪机组件具备多重功用，其本身同时具备送弹、闭锁、击发、开锁、抽壳、抛壳等功能。这要比 87 式榴弹发射器的枪机结构简单很多，非常利于武器的野外分解结合与保养。

▲—— 04 式榴弹发射器采用对称受弹机，弹箱可以左右加挂，此为右侧受弹机。

04 式榴弹发射器的设计将 87 式榴弹发射器的“以人力携行为主”转变为“以车载为主”的新理念，而火力突击车、小型舰船、武装直升机等的作战平台的实际利用空间有限，因而在 04 式榴弹发射器中大部分操作部件都采用左右对称的设计，便于在狭小空间中灵活操控，更加适应瞬息万变的复杂战场战况。这里面比较有鲜明特点的就是：弹箱的挂装及供弹方式，可以在不更换任何零件的情况下，直接装配为左供弹式或右供弹式。

可见，我国的 04 式榴弹发射器称得上是一款特色鲜明的武器，它以机械化载具为机动搭载平台，有利于提升国产轻武器的机动能力和火力攻击能力，符合我军机械化、信息化水平不断增强的客观要求。

加挂在受弹机上的榴弹箱 ▶

中外 4 种榴弹发射器主要诸元表

诸元 / 武器	QLZ04 式自动榴弹发射器	QLZ87 式自动榴弹发射器	MK19-3 型自动榴弹发射器	AGS-17 型自动榴弹发射器
制造国	中国	中国	美国	苏联
口径（毫米）	35	35	40	30
有效射程（米）	1200	1200	1600	1200
初速（米/秒）	190	190	240	183
发射器身质量（克）	15	12	33	35
发射架质量（千克）	9	8	9.5	10
武器全质量（千克）	24	20	42.5	45
武器全长（毫米）	1026	1060	1028	840
自动方式	自由枪机式	导气式	自由枪机式	自由枪机式

87 式榴弹发射器和 04 式榴弹发射器区分方法

1. 脚架的区别：87 式榴弹发射器的三脚架为两段连接形式，并且还装备有两脚架；04 式榴弹发射器没有标配两脚架。

2. 二者最直观的区别在于“膛口装置”（制退器）：87 式榴弹发射器的制退器为两侧各开有两个大排气口，正上下方封闭，类似巴雷特 M82A1 的设计；04 式榴弹发射器的制退器两侧各开有 3 个排气口，且正上部还有两个小排气口。

3. 受弹部位的区别：87 式榴弹发射器的弹鼓放置在发射器的下面；而 04 式榴弹发射器的弹箱则放置在发射器的侧面（两侧皆可）。

▲ 04 式（左）与 87 式（右）榴弹发射器的对比，注意不同的受弹部位。

weapon world

第二章 头盔夜视

美特种部队 MICH 头盔及 SORDIN 通信耳机

■老瓶装新酒

MICH 英文全称为：Modular Integrated Communications Helmet（模块化整合通信头盔），其主要的设计理念由来已久，可谓是长时间实战中特种部队士兵们在历次作战中得到经验的荟萃之作。MICH 的主要研发目的在于，在复杂多变的战场环境中，除了传统头盔的防护性能外，还要求方便地配合各类周边装备，如夜视仪、通信器材、防毒面具等，达到一个“综合作战平台”的效用。

目前，MICH 型头盔分为 TC2000、TC2001、TC2002 三种型号，这里介绍的是早期在美军特种部队中进行测试的 TC2000 型，可谓是一个传统头盔向功能化头盔平台演变的过渡者！

MICH 头盔

早期 MICH 防弹头盔由法国 CGF GALLET 公司开发生产，以 SPECTRA SHIELD 材料制造。MICH 防弹头盔外径比 PASGT 防弹头盔小 11%，因此提供了更大视觉及听觉范围，重量更比 PASGT 头盔轻 1.2 磅，具有更高的防弹性能，其防弹级别为Ⅲ A 级。

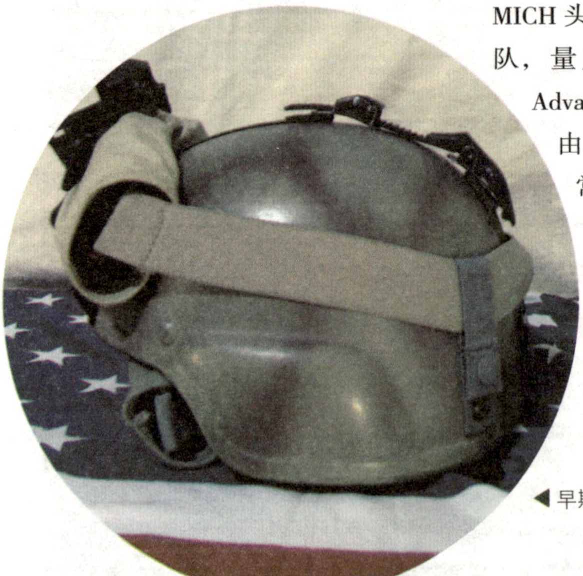

◀ 早期在美军特种部队进行测试的 TC2000 型

MICH 头盔经过美军特种部队测试后正式装备部队，量产后命名为 ACH 头盔，英文全称为：Advanced Combat Helmet（先进战斗头盔），但由于 CGF 公司与 MSA 公司合并，所以现在常见的 ACH 头盔均由 MSA 公司生产。

在美军中，只有特种部队可以根据其所执行任务的不同穿着不同的服装，并根据穿着的服装在头盔表面喷涂相应的迷彩图案。

由于在 9·11 以后，美军主要的作战地区都是在沙漠地带，所以这顶头盔被喷涂成沙漠迷彩图案。

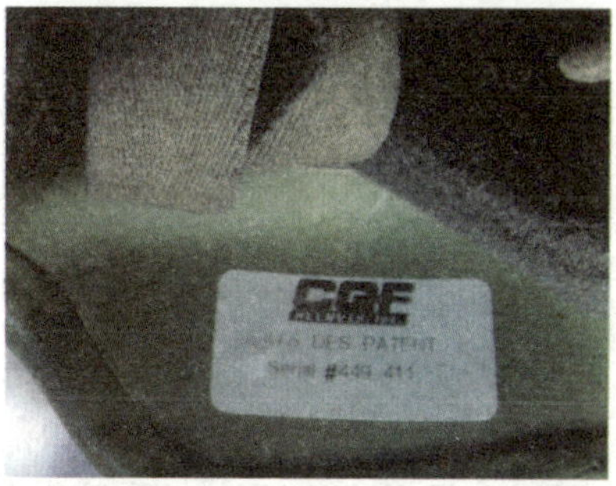

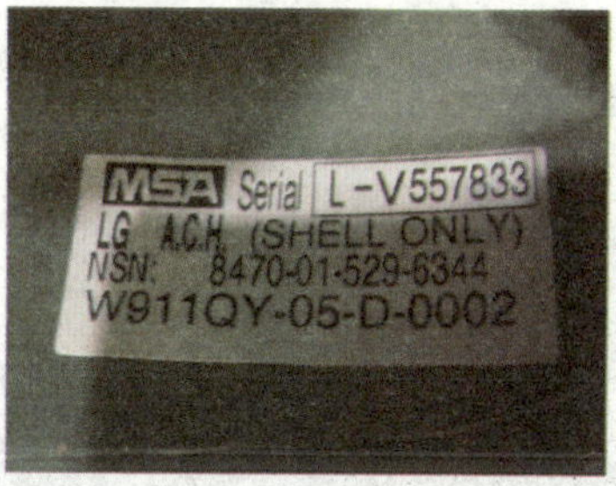

后期量化生产的 ACH 头盔最常见版本，均由 MSA 生产，相同的位置 Logo 已经变更。

◀ 早期生产的 MICH 头盔内侧均带有 CGF 公司的 Logo

MICH 头盔在量产后变更为 ACH 头盔，同时相应的工艺也产生了变化。

▲ 这顶头盔为 2002 年生产，注意内衬与下颚带为黑色。

2005 年以后生产的 ACH 头盔，内衬与下颚带均变更为灰色。

SORDIN 通信耳机

SORDIN 通信耳机可以很好地与 MICH 头盔相融合，舒适度非常令人满意。同时，该款耳机带有开关功能的外部拾音设备，可以过滤掉对人体有害的高音部分。

SORDIN 通信耳机除起到通信作用外，同时也是一款降噪防护型耳机。但为了特种作战的需要，耳机还有一个特殊的外部拾音功能——可以过滤掉刺耳的高音同时可以放大低音，在拾音功能开启状态下可以清晰地听见脚步声、风声、衣服摩擦声以及别人窃窃私语的说话声。

在具有高品质性能的同时，SORDIN 通信耳机也有很多贴近于实际应用方面的设计：耳机在不使用状态下可以折叠，以方便携带；PPT 开关采用轻质金属外壳，抗冲击强度高并且兼容 MOLLE Ⅱ系统，使其可以安装在战术背心上；超长的弹力连接线，可以给头部充足的活动空间。

通过产品说明书上的技术参数就可以看出 SORDIN 通信耳机外部拾音设备的性能。目前国内出现了仿制的 SORDIN 通信耳机，但是仿制品的性能与工艺绝对无法和原品相比，真正的 SORDIN 通信耳机在拾音状态关闭情况下是一款隔音功能绝佳的防护性耳机。

美军所使用的通信设备接头属于专用设备，在一般民用通信器材上是无法使用的，需要专业人士改装后才能使用。

MICH 头盔在特种部队中使用的同时，配合其使用的 SORDIN 通信耳机同时开始装备。

MICH 头盔与 SORDIN 通信耳机配合使用效果

收藏者收藏的 SORDIN 通信耳机，与常见的 SORDIN 不同的是，这只耳机采用了头骨震荡式送话器。这款耳机属于军方专用设备，即使到 SORDIN 厂家网站上也是无法购买的。

SORDIN 通信耳机说明书附带的技术参数说明

频率 (Hz)	125	250	500	1000	2000	3150	4000	6300	8000	NRR
平均值 (dB)	11.1	16.5	23.1	25.0	29.5	33.9	35.5	38.3	38.7	18
误差标准 (dB)	2.6	3.0	3.2	2.8	4.1	3.1	3.6	4.0	3.2	

注：NRR 是按照美国标准 ANSI S3.19-1974 标准检测的单值降噪值。降噪值越高，防噪声效果越好。

Ops-Core 公司的 FAST 头盔

■未来战场的“守护天使”

FAST 头盔不是便宜货，也许会有人问：我花 50 美元就可以买到 Pro-Tec“溜冰盔”，为什么还要花 10 倍的价钱去买这个“防撞壳”呢？（FAST 的防弹型军用盔官网售价为 882 美元，伞盔型售价为 593 美元。）其实，FAST 头盔研发初衷就是为特种部队设计的军用款，而不是像其他一些民用产品，比如“溜冰盔”或是激流皮艇运动用盔那样，只是变换一种颜色就拿去供士兵使用了。FAST 头盔是专门为未来战场打造的“守护天使”，因此不能简单地只用价格来衡量，更要关注它的出众性能。

自之前的 SHOT（美国最著名的枪械轻武器、狩猎用品、户外用品的大型产品推介展会）展会之后，Ops-Core 公司在其原型盔的基础上又推出一个新式头盔，那就是基于他们的通信头盔保障系统（Head-Loc Retention System）上的 FAST（Future Assault Shell Technology，未来突击防护外壳技术）头盔，一经推出便备受关注。它是多种新型技术和模块化设计的组合体，令其他头盔望尘莫及。FAST 头盔使得头盔技术的发展上了一个大台阶，同时也为今后头盔的研发定下了比较高的门槛。

Ops-Core 公司和 FAST 头盔

Ops-Core 制造公司是为军方和体育用品领域生产、组装机加工切削产品的一家企业，主要是针对眼睛、面部和头部的保护产品。产品设计是由 Ops-Core 的姊妹公司阿蒂森特公司来完成。Ops-Core 公司最初只是一家小公司，为一些大型制造商加工一些人家不愿花费额外精力来制造的特别部件或是艺术图案，并且为专业市场及用户提供适用的产品解决方案。

FAST 头盔的设计初衷就是为了满足目前身处战地的士兵们日益增长的一体式头部装备的需求。最重要的是，要保护战地士兵们经常会受到伤害的脑部、眼睛和耳朵，而现在士兵们确实也能够得到比之前更充分的保护。护目镜、防弹防破片头盔、碰撞保护、听力保护全都在士兵自己的装备包里，这些产品的设计是为了保护他们能够顺利完成自己的任务。

▲ Ops-Core 公司生产的新型头盔，注意其侧面的导轨，可以用来自由连接夜视仪、战术灯等辅助装备。

另外，为了应付一些特别任务，士兵们还需要其他一些装备，如使用夜视仪、防毒面具、通信耳机、照明设备、敌我识别装置等，所有的这些装备多是由不同的制造商生产，但它们却要一起加装在一个士兵的头顶上工作。

传统的头盔设计只是一个保护装置，而并非作为一个综合承载系统来对待。随着夜视镜的出现，人们制造出在头部固定这些沉重家伙的颈部固定皮带。为了防止头盔由于承重问题而倾翻，后来设计出了夜视仪连接座并与头盔安装在一起。

▲ SHOT Show2010 展会中的 FAST 头盔

甚至后来有了在头盔前方的永久性连接座设计，这一设计并没有被肯定，颈部固定带系统的发展至今还没有完善起来。

Ops-Core 公司的通信头盔保障系统为业界朝着正确方向发展指明了方向，比如头盔带改进配件设计使用了恰当的几何学原理来稳定一个装载着夜视仪的头盔。对于需要附装的其他装置，Ops-Core 利用 ACH – ARC（Accessory Rail Connector，附件导轨连接器）就可以在头盔侧边增加一个轻量化的模块装载平台。

FAST 的设计与目前主流头盔设计思想一致的方面是：一、可以安放通信耳机或是电子听力保护装置；二、夜视仪；三、武器照明；四、视频摄像头；五、眼部保护并覆盖一定的面颊；六、脸部保护并可以加装护罩；七、防弹面罩；八、防毒面具；九、滤波灯；十、电池组。

FAST 头盔系统是第一种统筹考虑把这些不同厂家产品和谐汇集于一体的设计，而且充分发挥各附件的作用，无论是单个附件，还是多个附件共同工作。

Ops-Core 公司的 FAST 头盔目前有两个可用版本：FAST 防弹头盔（FAST Ballistic Helmet）和 FAST 伞盔（FAST Bump Helmet，又称防撞击头盔）。FAST 防弹头盔能够通过现役 ACH 头盔的弹道测试，并且重量要比 ACH 头盔轻 20%。FAST 防弹盔与伞盔不同的地方在于它的外壳材料、厚度以及顶部没有通气孔，除此之外，外观、性能以及特征都是一样的。

FAST 伞盔的特征

FAST 伞盔为使用者提供了一个安装夜视仪和其他装备的超轻量模块化平台，而且可以有效保护头部因碰撞或撞击而产生外伤，相对于需要增加额外重量的防弹头盔，伞盔在选择上通常轻量化优先，这一点防弹头盔是无法相比的。

●伞盔壳

FAST 伞盔采用切边结构，使它的外型看起来像是介于 TC2001 和 TC2002 之间。头盔的侧边不能保护耳朵，但它也不会妨碍通信耳机或是听力保护装置的配戴。

伞盔壳是用轻型碳化纤维制成，注模成型，外壳滑顺，这种设计是预防因摩擦和撞击可能造成的伤害，它可以通过内部衬垫来吸收撞击。它没有被设计成在头盔前方提供固定（永久）式夜视仪连接座，需要额外加装夜视仪连接座以适用不同厂商的产品。伞盔的碳化纤维外壳的结构可以改善冲击力的发散，当遇到钝器打击时能协助里边的衬垫吸收更多的能量以减小对脑部的伤害。尽管它很轻，但它的抗形变能力确保它很难被压碎或是撞碎。

伞盔上方有 8 个椭圆形开口可以通风透气（FAST 的防弹盔则是实心的），表层采用 CP 公司的 MC 迷彩、坦色（棕褐）、叶绿色、黑色和沙漠伪装涂装。提供的号码主

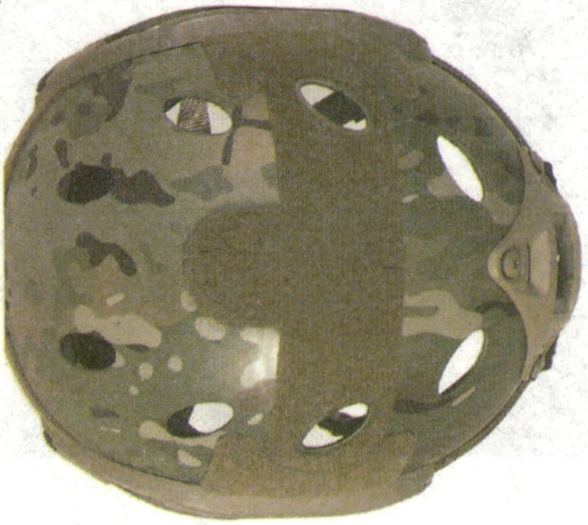

FAST 头盔防弹型和伞盔外形最大区别就是伞盔顶上开了 8 个椭圆形的通气孔。

要有：S/M、M/L 和 L/XL，基本涵盖各类尺寸人士。它可以按 MARSOC/WARCOM（United States Marine Corps Forces Special Operations Command，简称 MARSOC，海军陆战队特种作战司令部；United States Naval Special Warfare Command，简称 NAVSPECWARCOM, NAVSOC 或 NSWC，美国海军特种作战司令部）的标准来钻出 3 个孔来固定夜仪底座。另外还设有系绳和维可牢魔术粘扣，可以稳固头盔顶部和后部加装的附件。

伞盔提供的抗撞击保护被鉴定为 CE EN 1385 级（international standard for headgear for white water sports，国际激流皮划艇运动头部装备标准）和 ASTM F1492 级（skateboard helmet standards for multiple impacts，溜冰头盔多重撞击标准），采用美国陆军 ACH 规格的下巴固定带。需要特别指出的是，FAST 伞盔不防弹。

● FAST – ARC

ARC（Accessory Rail Connector）就是附件导轨连接器的缩写，它是 FAST 头盔的标准配置。除了在头部多出两个另外附加的固定点用以承载附件之外，它与 ACH – ARC 很相似。

导轨采用玻璃增强尼龙制成，固定下颚的前后织带连接点也稳固可靠，连接导轨与 ACH – ARC 相比除了角度之外都很接近，采用无锐角或边刃设计，无钩挂障碍隐患。导轨采用楔形榫头结构，可与各类附件连接。可通过垂直锁定槽和外部锁定装备将导轨与附件稳固结合。

FAST-ARC 提供了 4 个位置供安装导轨连接座（通过导轨连接座安装附件），分别在两边靠上和靠下的位置。靠上的 ARC 楔形榫头连接器通常安装如低可见光照明装置、摄像头、面部护罩，靠下的 ARC 楔形榫头连接器则可安装不同规格的通信耳机、电池组、护目镜带固定扣、下颚及面部护罩。

在两个导轨的交接处还有一个插扣接收装置，专门为防毒面具以及 02 式防护面罩的固定带插扣使用，既减少了体积，又改善了传统头盔“刺刀式”接驳风格固定座使用混乱的缺陷。在另外的一个固定点上还提供一条额外的固定绳用于“软连接”附件。

ARC 楔形榫头导轨被用在 Ops-Core 公司的锁定与转角连接器上，适用于诸如空降作战等紧急行动。在 FAST 头盔上可以安装

FAST 头盔两侧各有一条 FAST-ARC 导轨连接器。

通过BISS夜视仪系绳可以更加稳固夜视仪的安装，防止其晃动以及发出不停作响的声音。

FAST头盔采用的VAS低能见度连接座

皮卡汀尼适配器和温洛克适配器，此外还有用于连接摄像头、战术灯等专用的适配器与ARC连接。

● **BISS夜视仪系绳**

BISS夜视仪系绳从ARC导轨前方的底端伸出，头盔两侧各有一条，专门用于各种夜视产品，无论是单目镜还是双目镜。系绳是一条短的有弹性约束性绳索，绳子末端是一个小的插扣和弹簧扣。当安装夜视仪或是其他装备时，它会拉紧装置，防止固定在夜视仪座上的装置晃动以及发出不停作响的声音。

同时它也是一种防止突然掉落或是遗失的“安全绳”。如果不需要的时候可以通过释放ARC导轨上的扣套，再松开锁环就可以把它移开了，或者把它放到适当的位置。最好不要把系绳系在一起，因为时间长了系绳的弹性还原就会差一些，对固定夜视装备的拉紧度会下降，降低了它的使用周期。

● **VAS 低能见度连接座**

Ops-Core公司的VAS低能见度夜视仪连接座是与FAST头盔分开销售的，它是由轻质铝合金制造而成，质量很轻，只有34克，目前有涂装成坦色、叶绿色、黑色的不同颜色产品。它的外观是一个五角形的形式，中间的凹槽是为标准的美国军队安装支架A3256368（国内军友俗称“翻斗车”）型号设计，或者是Norotos公司的INVG连接臂以及AKA2的连接臂。

VAS低能见连接座使用不锈钢螺丝和冲压节套安装在FAST头盔上，这样就不会出现螺丝附着不稳或是伸出过长成为障碍的可能了。连接座本身有一定曲度以贴合盔壳，以确保其稳定性，它是一种轻量化、小轮廓、外形新颖，同时也是一种昂贵的非永久性解决普遍夜视仪安装的底座。

●**衬垫系统**

在头盔的里面有一系列通过维可牢（就是俗称的粘扣）固定、切块外形、可以互换的衬垫。维可牢是一种很薄的、上面有着很多钩和环的材料，钩的那部分不会妨碍任何织物或是头发，但如果它与另一面粘在一起就会变得很稳固。有两个顶部衬垫，两个侧边衬垫，一个后部衬垫。

顶部和后部的衬垫12.7~19.1毫米厚，在恰当的位置与头盔接合在一起，如果需要使用耳机或是其他通过头顶的装备，那么顶部衬垫会专门留出中间位置供这些装备正常使用，侧边的衬垫基本不会碍事。只有前部的EPP撞击缓解衬垫是不可移动的。

这些衬垫不是以前那些ACH或是MICH头盔里的泡沫材料垫，而是一种替代产品——单元泡沫或叫斯盖德克斯（Skydex）。这些衬垫使用结实的EPP（Expanded Polypropylene，扩展型聚丙烯）材料用来吸收撞击力，同时使用了软质的LDV（Low Density Vinyl，低密度乙烯基）材料来缓解冲击力。这种衬垫材料的缺点是在受到湿度、高度或温度的影响下，会变形，不平坦，外形变得不再贴合头部了。

初看EPP材料好像聚苯乙烯，其实，EPP跟EPS（Expanded polystyrene/styrofoam，扩展型聚苯乙烯/泡沫聚苯乙烯）还不一样。EPP是一种非常耐用的封闭单元泡沫，从结构力学上讲EPS是无法跟它相比的，当你使用手指向下按压一块EPP材料时，它会反复地吸收你的力量而不会产生凹痕或断裂。

而EPS则很容易在生活中找到，比如摩托车头盔里的填充物就是用它做的。EPS经受很小的弹性形变就会裂开，而头盔衬垫需要的是在猛烈撞击后仍能恢复到原型，EPP具备受到撞击后恢复原型保护状态的性能，并可以较好地承受连续撞击。

EPP占了衬垫内的大部分体积，与头部相接的是LDV部分，它是一种软质且拥有一定韧性的封闭单元泡沫，它不同于普通的泡沫材料，突出特点是结实耐用，具备较高的延展性。

●枕部头围衬垫调节系统

仅依靠衬垫来保持头盔的暖和及稳定是不够的，一种可调头围内衬带的装置被使用在这种头盔里，这个装置是一个收放包裹头围的内衬带的可调节装置，通过Occ-Dial（Occipital lobe dial adjustment system，枕部凸轮转盘式调节系统）来完成。经过橡胶表面处理过的调节轮安装在装置的后面旋转，可以通过放松或是收紧衬带来适应头部，也可以在头盔固定带插扣上紧后，继续加载立体的头部贴合，使得头盔无论从哪个方向都能更好地接触头部。

Occ-Dial装置的前部、颈部、侧边和后部是用一种软质、人造山羊皮材料衬垫，这些都是可拆洗和更换的。这个内衬带调节器还有一个有趣的特征，那就是它可以在前边分离开，这样通话器或耳机就可以跑到它的后面，耳机与头盔是分离的（也就是耳机连接夹在内衬带和盔壳之间，耳机有一定的活动范围，这样再收紧吊带或是枕部调节装置，耳机连接夹就不会把头部夹得生疼了，比传统的头盔直接压贴耳机的人机工效要好）。

●综合头部锁定悬挂系统

FAST头盔的头部悬挂系统与Occ-Dial调节装置是一体的，比标准版的ACH头盔的悬挂/固定系统的稳定性高出3倍。头部锁定系统是侧边平整的固定带来完成的，所有的固定带都是由后（上）至前方的下颚处，当从头盔两侧用带子固定下颚时，带子的贴合是很平整的。

通过消除下颚带和固定带之间的角度或支撑点使这种头盔的稳定性比普通头盔好得多。简洁的几何学优化固定带和固定带插扣，调节起来也很容易。FAST头盔的稳定性是非常高的，当调整得当时，它就像和脑袋长在一起一样稳固，而这种稳固的获得没有靠螺丝直接地拧进头骨。FAST头盔与SORDIN耳机接合得很完美，戴上后，耳机对耳朵完全不会产生挤压和干扰。

AN/PVS-21 型双目折叠式夜视仪

■暗战千里眼

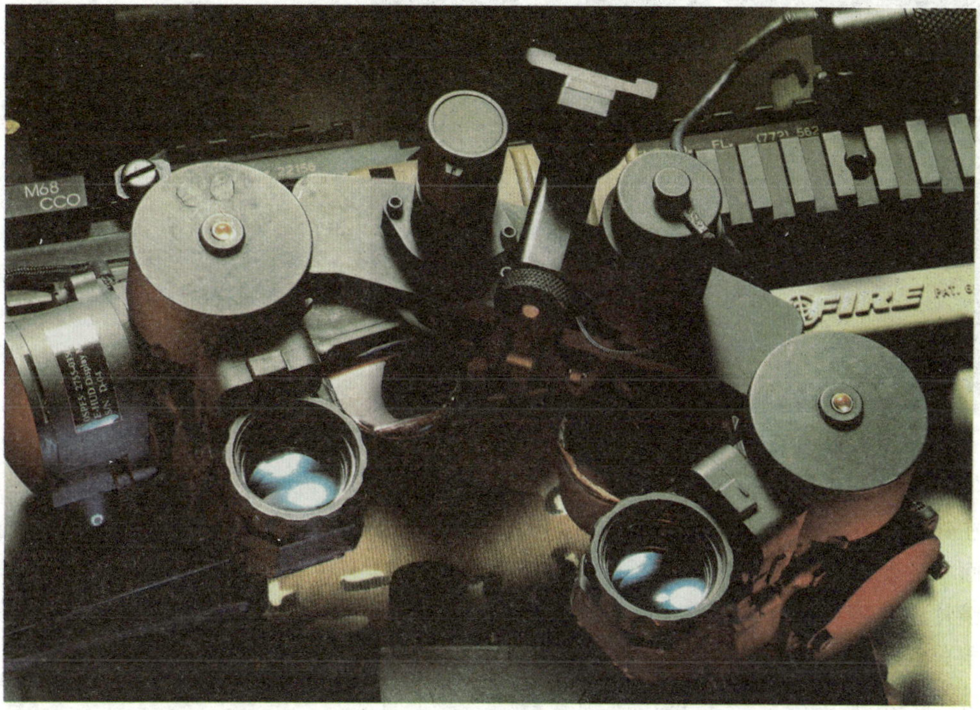

▲ STS 公司的新型夜视仪为双眼式，不论昼夜都能方便使用。左右各装有 2 组镜片和 1 组 LED。

众所周知，特种部队的作战范畴极其广泛，所以在黑夜和视觉条件恶劣的环境中展开行动自然是不可避免的，这就需要相关的辅助装备来帮助这些战士渡过各种难关，陪伴他们经受各种考验！而夜视仪就是这些特种作战装备中非常伟大的一项发明！自第二次世界大战以来，人们越发认识到夜视仪的重要用途，这也使得对这种装备的研发有了长足的发展。

各种夜视仪层出不穷，功能日益强大完善，同时各种夜视仪被大量地使用和改进，这也使特战队员能够在夜间和视线条件不利的情况下拥有与白天一样、甚至更佳的观测效果，真可谓是拥有了“暗战千里眼”，也使战士们掌握了在此类战斗中的主动权！

于是，特种作战夜视装置也就成为了特种部队的代表装备之一，其技术的发展与新品的研发自然也备受人们关注。

结构特点

这里所介绍的是 STS（美国传感器技术系统）公司生产的 AN/PVS–21 型双目折叠式夜视仪（以下称 PVS–21）。虽然也是双眼式样，但与其他夜视仪有着明显迥异的风格。

与之前传统的夜视仪（镜）相比，该款装备前后宽度仅为 79 毫米。而这个数据还是以凸出来的电池匣和按钮部分的高度来计算的，实际的镜头等关键部件尺寸大约只有 60 毫米。该款装备的全宽也不过 200 毫米，整体呈扁平造型。

STS公司研发的新式夜视仪，充满科幻感，同时具备卓越的性能，不愧为“攻击型”夜视仪！

从正面看，PVS–21左右各有3个镜片。最下边的是夜视镜的受光部：　对物镜；在其斜上方两端的是IR（红外线）LED；而在内侧半隐藏起来的、最不显眼的红色镜片就是夜视目镜。左右3组镜片组合得十分紧凑。

从外观上看，该装备很是精良，同时装到头盔上后感觉也没有想象中那么沉重。数据显示，PVS–21的重量为0.76千克，而之前的型号PVS–14则约为0.65千克。虽然现在看来，新款的重量加大了，但安装后实际感觉PVS–21还是很轻巧的。这主要是因为PVS–21的整体长度短，力矩小，因此减少了头部和脊椎的负担。而最重要的是，作为双眼式的PVS–21比起单眼式的PVS–14仅增重0.1千克，这样的重量完全可以被战士们欣然接受，毕竟该装备安装起来很便捷，同时双眼夜视也极大地提高了战斗中的机动性和适应能力。

PVS–21整个造型是左右对称的，而且左右两个部分是独立可动的，这样一来就可以很方便地配合不同使用者两眼的宽度。通过调节基座，还可以对佩戴后前后上下的角度进行调节。除此之外，还能够利用旋钮来进行微调，以适应使用者们不同的脸型。人体工程学的广泛应用，也使PVS–21有了更好的人机工效。

目镜是透明的，所以在明亮的环境下也能使用。带着它照镜子就会发现，自己简直像是科幻电影中的未来战士一般。而红色的镜片看上去又像是带了一副红色的太阳镜。

转动旋钮后就能看到夜视镜特有的绿色影像，虽然大家知道，这是棱镜投影夜视影像的效果，但实际的夜视观测效果仍然让人感到不可思议。焦距可左右两侧分别调节，从最短的250毫米到无限远都可聚焦。这点与PVS–14和15相同，但PVS–21调焦的效果要好于这两种。虽然在近距离聚焦后景深会变小，但视野从近距离到中距离都能完全覆盖还是让士兵在战斗中很安心。

影像清晰便于观看，视野也比之前的型号更广，因此在走路时不用担心脚下不稳，这大概是因为双眼式夜视镜更易于把握距离感。

佩戴中进行瞄准——“攻击型”夜视仪

因为装配有 IR（红外线）LED，所以即使是在四周漆黑的情况下也能保证充分的视线。IR 的 LED 具有更强的照射力，并且有高低两种模式可变换，因此能够根据情况任意选择。当然，如果有配备 IR 过滤器的 SUREFIRE 战术光源的话还能看得更远。

把一侧扳到上方的话，还可以做单眼式夜视镜使用，非常灵便。而且接目部分并没有被眼罩完全挡住，所以双眼也能够感知周围的光线，这样就不会出现到了明亮的场所时不能及时察觉应变的情况了。

PVS-21 不仅能够在夜间驾驶直升机和汽车时发挥作用，更重要的是还能够在佩戴中进行手枪和步枪的瞄准。PVS-21 的前后宽度尺寸短，并且镜片位于下方，所以便于步枪的瞄准。而 PVS-14 装在头盔上时就很难做到这一点。PVS-21 的出现克服了必须要将夜视镜装到枪上才能进行夜间瞄准这一弱点。

机动性高，便于瞄准——这正是“攻击型”夜视仪的特点！

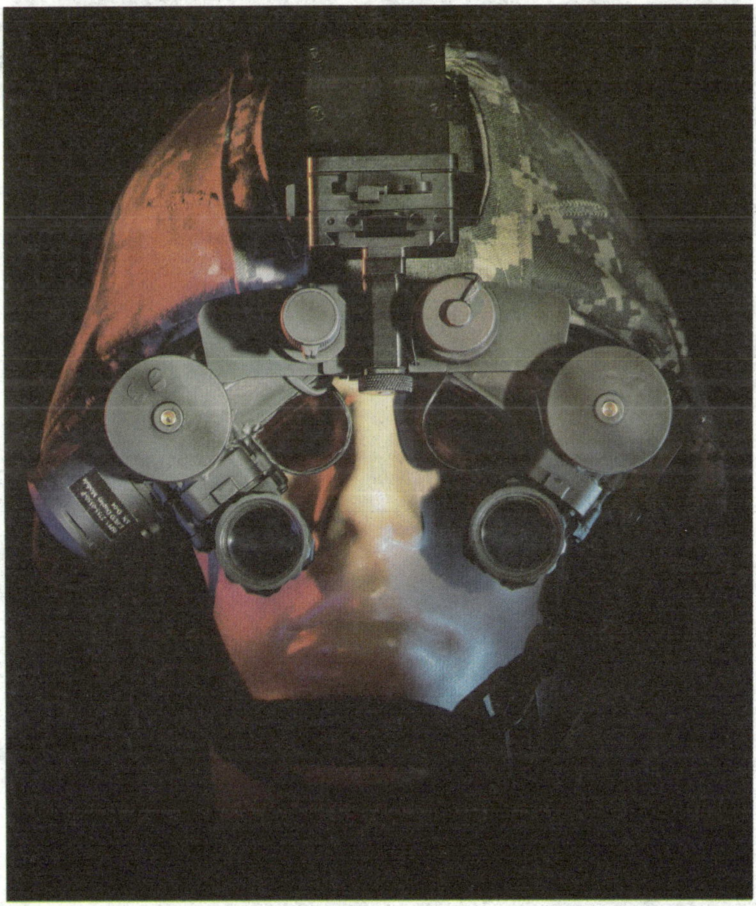

PVS-21 佩戴效果。将镜片设置为能够进行夜视的状态，镜片的高度、倾斜度和前后的位置都可进行微调，直到调节到便于观测的状态，这对于应付不同的战时情况是非常必要的。透明的镜片可以保证水平视场 165 度、垂直方向 90 度的周边视野率。夜视镜的视野为远距离 40 度、900 毫米左右时的近距离为 46.3 度。而 PVS-14 的全距离视野仅为 40 度，就视野这一点来看，PVS-21 也很有优势。

前后宽度仅为 79 毫米，而这个数据还是按凸出来的按钮和电池匣部分来计算的，实际镜头等关键部件尺寸全长约为 60 毫米。和小型的双目镜一样使用了棱镜，因此缩短了前后的距离，但实际功效令人惊叹。

惊人的新功能！

PVS-21后方右侧有一个连接器，与无线信号接收装置相连接后，不仅可以用来观看传来的影像，还可以作为中介来传送信息。GPS数据和PC情报、录像与红外照相机所拍摄的画面会实时地被播放出来，并能将信息直接传回总部，也就是说具有同步显示器的功能。

虽然不能具体测算出敌方的火力，但其所具有的某些功能却与《龙珠》漫画中的战斗力探测器有几分相似。

实际上，PVS-21确实能够将数据无线传送到总部，但通信的有效距离还有待进一步证实。这样的功能的确非常实用，试想，某名特战尖兵只要混迹在夜幕的掩护中，不断将观测到的最新情报无线传送回总部，总部就能根据这些情报制定相应的战术，完成统一调度和协调。

迄今为止，动画和电影为人们提供了无数的构思与设想，而实际上能够将其中某些“幻想”转化为现实应用技术的只有美国和欧洲的一些国家。但是，随着中国对相关技术的认知，也必然会在一些领域内逐渐形成一系列具有世界先进水平的装具……

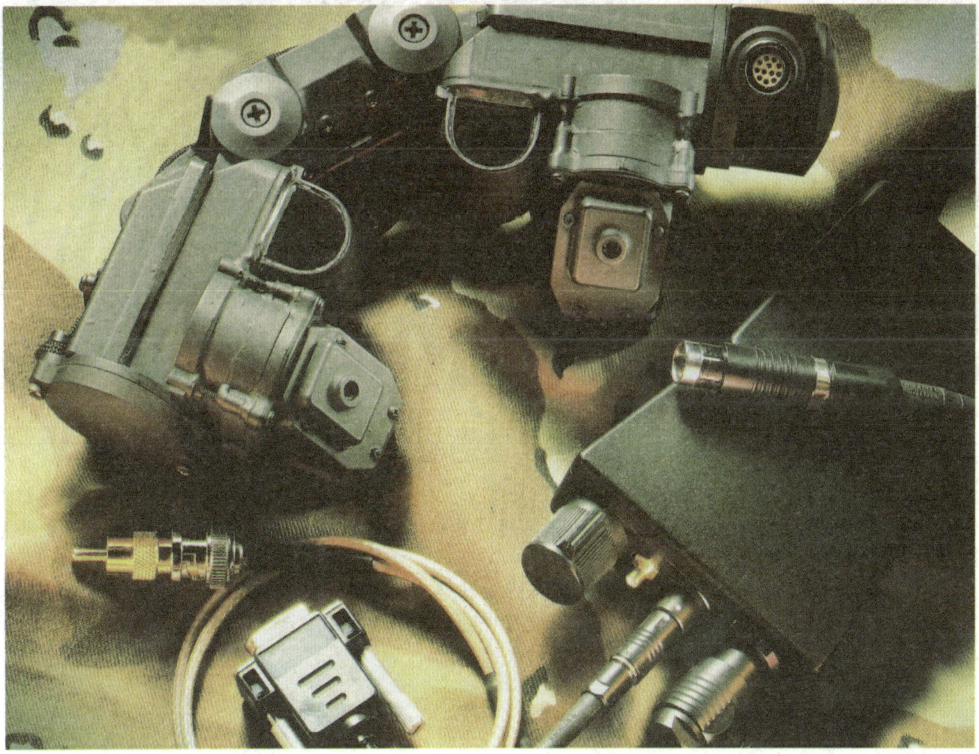

PVS-21不仅仅是一个独立的夜视装备，而且可以与很多相关设备相联系，形成一套完善的战略体系，符合未来战争的趋势。

weapon world

第三章 作战军服

美国陆军最新单兵作战服套装

■新世纪的进化

作为未来的步兵用单兵战斗装备，美国在阿富汗对部分“陆地勇士（Land Warrior）”进行了测试试用，形成了现在的变型Gen2，而将来会发展为“未来战士（Future Force Warrior）”，最终会研制成“士兵（Soldier）2030”。众所周知，“陆地勇士”中的热成像仪等传感器系统、通信设备都由一台小型电脑综合管理，它可以将战场信息上传到战术网络，使上至指挥官下到前线的士兵形成共享情报，大大提高了士兵的战斗力和存活力。

除了大家熟悉的美国陆军ACU作战服之外，陆军士兵还在使用ACS（Army Combat Shirt）和新型防弹衣等各种装备，并在计划研发未来版电子夹克（战术背心），计划将各种电线和输入输出接口等都内置于夹克之中，最大程度提高士兵移动便捷性。

时代的新需要

现今，各国都越来越注重士兵的价值。即使是一名步兵（之前有一种观点认为步兵是众兵种中技术含量和技能要求最低的兵种），也得花费政府和军队大量的金钱和时间对其进行高强度训练后才能把他培养成具备高超战斗力的士兵，因此对军队而言，具有实力的士兵才是最为宝贵的财富。尤其是现在，已经不是像第一次世界大战和第二次世界大战那样，靠人海战术来“随意”消耗士兵生命的年代，同时也已经不是只要对士兵进行基础训练，让他们学会持枪、攒点人数就可以进行一场战争的年代，只有具备了使用先进武器的技能和知识的士兵才能符合时代的要求，否则的话胜利根本无从谈起。

花费大量金钱和时间好不容易培养出来的士兵轻而易举地被敌方干掉，这对军队而言是巨大损失，尤其是航空兵、潜艇部队、特种部队等兵种。即使是普通步兵，现在对高度专业技术的掌握能力要求也越来越高，相信将来对士兵的技术作战能力要求会更高。

当然，就美国政府而言，一名死伤士兵的抚恤金也是相当高的！综合这些理由，美军在对士兵生存有很大影响的单兵装备开发和改良方面十分下工夫，常常不惜血本采用最新技术，保持着领先地位。如 MOLLE（Modular Lightweight Load-carrying Equipment，模块化轻量负载装备）等单兵装备，利用“模块化”结构来装配各种装备、由电脑设计伪装迷彩，并且在最初的设计中就考虑到如何运用 MOLLE 来搭载无线电、耳麦等装备，像这样对世界军队的单兵装备产生影响的例子不胜枚举。

头部面部防护装备

进入 21 世纪后，美军非常重视分队内部和分队之间相互通信用单兵装备的开发，进而小型化无线通信设备实现了士兵级别的普及，并开发了比 PASGT（既能使用通信耳麦，同时也可以保护面部的头盔）盔体浅、取消帽檐的 MICH 轻型头盔，配发给美国特种部队、海军陆战队侦察部队。之后这种头盔被美国陆军采用为 ACH（Army Combat Helmet）制式头盔，配发给一般步兵单位。对此大家非常熟悉，因为从伊拉克、阿富汗的美军视频或照片中可以看到几乎所有士兵都带着这种头盔。

ACH 比 PASGT 的抗震力更强，可以防 .44 口径马格南子弹。但据美军军医讲，由于这种头盔对后脑部的防护部分少，导致后脑部位受伤的士兵相对增加。最近，为了加强对后脑部位的防护，开发并配发了与此头盔配合使用的辅助防护装置——后颈垫（下页图①），该防护装置可以简单地连接在头盔的带子上。

然而随着 RPG（Rocket Propelled Grenade，肩扛式火箭筒）和 IED（Improvised Explosive Device，简易爆破装置、路边炸弹）的大量使用，使得士兵面部被弹片、碎石等飞射物击伤的问题加剧。由于面部受伤

无论从肉体上还是精神上都会有后遗症，所以又专门开发了一系列保护面部的防护装置，如文中的这种防弹面罩（图②和③，MTek 武器系统公司制）。防弹面罩是通过在 ACH、LWH、PASGT 等头盔上安装“外挂系统”（图③红圈所示）来固定的，其是使用芳纶纤维合成的树脂材质制作而成，具有很高的防护能力，重量只有 0.4 千克左右，非常轻，适合炮兵和车载机枪手使用。

▲ACH 头盔

①

②

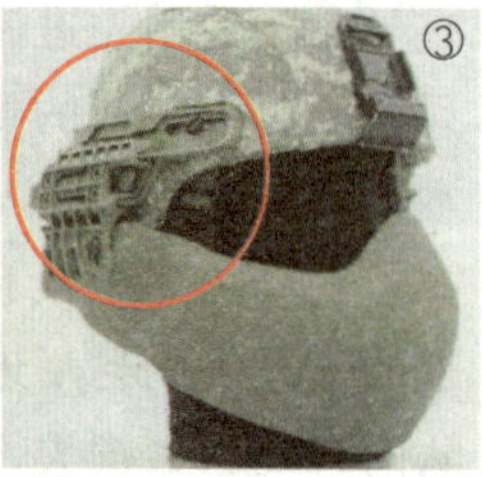

③

新型防弹衣

IOTV（Improved Outer Tactical Vest）取代“拦截者”（Intasebuta）成为了美军新型的防弹衣，它是通过可穿着防护装置和插入式护板来提高抗弹力的防弹衣，改善“拦截者”身体两侧防护不足的状况。为了在士兵负伤的情况下能够快速对其进行紧急救治，还增加了可迅速脱掉防弹衣的快速解脱功能。

● **IOTV 的分解部件**

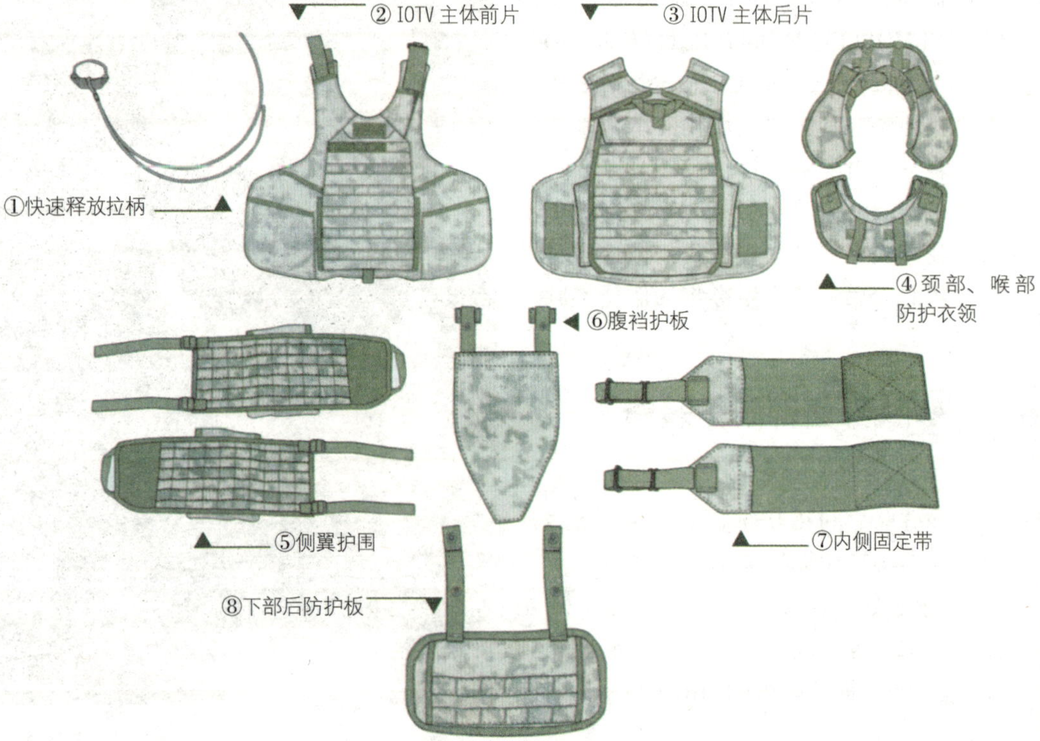

IOTV 的穿着方法

①把防弹衣从头部上方套进身上，随后调整将 IOTV 在身体上摆正位置。
②将左右两侧的侧翼护围调整适度，并固定住，再把前面的镶片放下固定好。
③模块化 MOLLE 系统织带搭载设计，可以用来固定相应的各种弹药包、载具等。
④模块化包具，包背面的固定带穿挂连接于 IOTV 上。

IOTV 的特点介绍

①后部（颈部）防护衣领。
②前部（喉部）防护衣领。
③军衔（魔术贴）。
④快速释放拉柄（一拉这一部位防弹衣瞬间分解为两块）。
⑤ DAPS（Deltoid Axillary Protection System，和“拦截者”一样的整体护肩，防护上臂）。
⑥织带（用于携行 MOLLE 系统的弹包类）。
⑦固定 DAPS 用的绒面粘。
⑧前面的镶片盖（用以覆盖左右两侧的连接部件）。
⑨插入碳化硼陶瓷插板的口袋（由于“拦截者”对身体两侧的防护能力低，所以 IOTV 中在两侧追加了碳化硼陶瓷护板）。
⑩左右两侧的侧面护围。把防弹衣固定在身上的同时，已插入碳化硼陶瓷护板。
⑪碳化硼陶瓷（Ceramic）插板。
⑫内侧固定带。
⑬固定侧翼护围用的绒面粘。
⑭腹裆护板（和“拦截者”一样）。
⑮E-SAPI（Enhanced Small Arms Protective Insert，插入式强化碳化硼陶瓷插板）。
⑯前防护套（内部插入防弹衣实体，即 E-SAPI 的前护套）。
⑰下部后防护板（IOTV 中新导入的防护装置，用以保护肾脏部位）。
⑱安装下部后防护板连接用的带扣。
⑲内部安装好防弹板后，用此位置进行外部固定。
⑳背后防护（内部插入 E-SAPI）。
㉑肩带（连接防弹衣前后两片主体结构的肩带，当拉动快速释放拉柄时，防弹衣就从此处分开）。
㉒提拉带（用来拽拉因负伤而倒下士兵的拉手部分）。

穿着 ACS 的美国士兵，可以清楚地看到其身体两侧及袖子的部分和 ACU 的设计一样。军衔和姓名条可以直接贴在袖子上，注意画面中主体人物腰部的小工具包，应该是“大红 1 师”的战士。

从 ACU 到 ACS 转变的战斗服

2005 年，美军采用了新型的 ACU（Army Combat Uniform）迷彩服，这种服装是对应所有的自然环境、地形而开发的，是将目前为止的各种迷彩（与森林、沙漠、山地、都市等各种环境对应的迷彩）的综合作为素材。不过，在世界各地开展战斗的美军必须给士兵配发各种迷彩战斗服，一款战斗服不可能应对所有的事态。

纳蒂克（美国陆军装备研究所）为了开发新型迷彩服，收集了数百幅各种地形、自然环境的照片，使用超级电脑分析迷彩样式开发了 ACU（有抗红外功能）的数码迷彩。ACU 被美国陆军采用为制式军服后投入伊拉克、阿富汗实战中，结果表明 ACU 称不上是万能迷彩服。最近派往阿富汗的美军士兵穿了改良型 ACU，改良后的 ACU 增加了浅棕色，变成 4 色迷彩。

ACU 的特点

①可折叠式立圆领。
②背部肩膀位有折位。
③臂袋的袋盖采用魔术贴。
④可插入护板式肘袋。
⑤中央可拆式军衔章用魔术贴。
⑥由电脑设计的数码迷彩（以浅黄褐色为底色，有两种绿色组成；布料成分为棉及尼龙混纺而成）。
⑦上衣内开合采用拉链。
⑧胸部采用倾斜口袋（袋口有魔术贴，可随意封闭）。
⑨袖口设有插笔处（3 支）。
⑩军种和姓名条用魔术贴。
⑪领子折叠状态。
⑫裤子的开合采用扣子或拉链，同时腰围内有绳子，可以使裤子贴合腰部。
⑬带盖的后兜。
⑭臀部有垫布，增强耐磨性。
⑮杂物袋（口袋的开口角度大、魔术贴也设有角度）。
⑯膝盖位可插入护板式膝袋。
⑰小腿部位带盖口袋。
⑱裤脚带。

TCS（Tactical Response Uniform Combat Shirt）的设计独特，其躯干部位（图①）布料是由棉与人造丝混纺而成，袖子（图②）采用 ACU 样式。在最初的设计中，为与防弹衣配合穿着而追求更好机能性的设计是 ACS（Army Combat Shirt）。ACS 采用了棉和人造丝的混纺材料，胳膊部位采用了与 ACU 一样的袖子（有魔术贴、袖口插笔袋等），躯干两侧的部位也采用与 ACU 相同的样式（为提高与防弹衣配合使用时从外部呈现的迷彩效果），前后的通气性、吸湿性、速干性都很好，只在胸腹部（图③）采用网状设计。

美国陆军从 20 世纪 90 年代开始就已经使用“拦截者”防弹衣。在战术背心样式的外壳中加入了碳化硼陶瓷插板来提高抗弹力，有很好的防弹效果。不过，侧面（肋部）没有碳化硼陶瓷插板，这是它的弱点。为了解决这一问题，美军又开发了 IOTV 系统。

虽然现在防弹衣已经成为士兵必不可少的装备，可是如果在沙漠、热带等高温多湿地带作战，它又会成为士兵的负担。高温不仅会使士兵注意力和战斗力降低，严重时还会让士兵的身体垮掉。出于对这种情况的考虑，美军使用通气性、吸湿性、速干性都很好的素材来开发防弹衣内穿的非战斗服 ACS(Army Combat Shirt)，并于 2007 年开始向部队配发。其特点是 T 恤式样，袖子是战斗服样式，同时为了提高 T 恤胸腹部的透气性，中间部分使用了网布。考虑到将来要把这种设计应用到步兵用战斗单兵装备中，此后计划还会导入环境调节机能、肌体监测系统等技术。

MARPAT 美国海军陆战队作战服

■军中的“制服诱惑”

MARPAT 是美国使用的第一种数码分裂式图案的款式，它最初是由美国海军陆战队系统司令部（Marine Corps Systems Command）组织研发的。研发部门在深入研究 CADPAT 之后决定把其作为美国海军陆战队的制式图案款式，不过图形（只是图形，不包括颜色和装备风格款式）的版权仍归加拿大政府所有。加拿大政府为 USMC 提供技术信息和生产设备，帮助他们研制这种计算机生成的数码迷彩款式制服。USMC 的 MARPAT 是研发中心将150多种不同迷彩经过逐一评测后最终选择的3种样式：丛林款、沙漠款和城市款（黑色、深灰色、浅灰色、棕色4种颜色），其中城市款 USMC 还没有全面正式生产，它目前还在充当测试型制服的角色。

迷彩作战服使用的先行者

美国海军陆战队是较早大规模使用迷彩作战服的美军部队，特别是在第二次世界大战时期，当欧洲战场上多数美军还穿着单色的战斗服作战时（只有少量士兵穿着迷彩作战服），太平洋战场上的海军陆战队已经广泛使用 M43 式迷彩作战服了。

▲——1944 年 1 月在所罗门群岛丛林中，身着 M43 迷彩服的海军陆战队官兵。

M43 这种迷彩服包括上衣、裤子以及后来的迷彩盔罩，它采用 8oz（纺织物的一个技术指标，指每平方码 8 盎司重）棉布料制成。比较有意思的是，它是一种“两面穿”的迷彩服，一面是绿基色迷彩样式，另一面是土棕基色迷彩样式，从而满足不同色源环境下伪装的需要。上衣口袋共有 4 个，分布在内外两面上，每面两个。在左胸和下摆右侧各有一个口袋，在左胸口袋上印有军种标识——USMC，还有著名的 EGA 标志（Eagle, Globe & Anchor，鹰、地球和锚，国内俗称“全球鹰”标识）。这种“一件衣服两种迷彩”的设计思路，即使在今天看来也不过时。

虎斑迷彩

越战时期，海军陆战队也是最早投入战斗并使用虎斑迷彩的非特战部队。相对于M43迷彩作战服，丛林虎斑迷彩的带纹状色块较宽较长，绿基色配合黑色、棕色带纹状色块不规则排列。这种图案有效地分解穿着者的轮廓，具有自然适应环境的功能，隐蔽效果较为出色，不久便在驻越美军不同军种的特战单位里大面积使用。

值得一提的是，这种虎斑迷彩基本上都是各部队向国内民营厂家订制的非官方“制服”，没有统一的规格标准，所以颜色、图案差别较大。随着时间的推移，后来又衍生出沙漠虎斑、城市虎斑等。由于伪装效果出色，即使在最近几年也可以看到少数特战单位在公开的图片里身着虎斑迷彩服的身影。虽然后来改进版的虎斑迷彩服在美国陆军作战制服ACU竞标中失败，但却被空军采用为制式的ABU（Airman Battle Uniform，就是基于越战时期的虎斑迷彩而设计定型的，所以其上面或多或少都有虎斑迷彩的影子）。

BDU

从1981年9月开始，BDU（Battle Dress Uniform）由陆军逐步向各军种全面装备，即使后来ACU及ABU已经装备，但仍有部队没有完全放弃这种迷彩作战服。2006年，美军第82空降师在丛林进行训练，穿着的正是丛林迷彩的BDU。

▲2006年，美军第82空降师士兵正在树林中进行训练，虽然当时已经发放了ACU作战服，但在丛林战中BDU的伪装效果更好一些。

虽然ACU的设计初衷很好——“全地形通用迷彩”，但迷彩作战服永远都是个适应与妥协的综合体，不同环境下由一种迷彩较好地完成隐蔽是不可能的。2010年2月，美国陆军第四师宣布在本年内全师配发CP公司的MULTICAM迷彩便是对这一理论最直接的否定。当然，美国海军陆战队在同时期同样也装备了BDU。

2008年4月，美军停止了对BDU的官方授权，BDU不再作为美军的制式服装。但类似于BDU的制服在国内诸如SWAT和DEA警察部队的日常工作或是战术训练中还时常出现。

美国海军陆战队 USMC

1775年4月，美国独立战争爆发，同年11月美国大陆会议决定创建海军陆战队。11月10日，在宾夕法尼亚州的费城，由塞缪尔·尼古拉斯（Samuel Nicholas）为总指挥，从“大陆水兵”（Continental Marines，美国独立战争时期由移民组成的一支水兵部队，1783年解散。大陆水兵执行多种任务，但主要职能是从事舰艇以及舰长和其他军官的保卫工作）中挑选了两个营作为“海军步兵”来使用。于是，这支有着230多年光荣历史的传奇部队USMC（United States Marine Corps）——美国海军陆战队诞生了，而每年的11月10日也成为了美国海军陆战队的纪念日。

美国海军陆战队是美国现有武装力量的重要组成部分（五大军种之一），虽然规模、人数不及陆军、空军和海军，但其拥有自己独立作战司令部、火炮、航空和装甲部队，几乎参加了美国建国以来的每一场重要战争，而且在历次战争中它骁勇善战的表现和英勇无畏的精神为世人所称颂敬仰。

根据美国宪法规定，海军陆战队是美军中唯一一支无需国会批准总统便可动用的部队。2011年热播的HBO战争剧集《太平洋》，便是改编自二战中美国海军陆战队血战太平洋的真实故事。

MARPAT

美国海军陆战队专用的 MARPAT（Marine Pattern 的缩写，直译为陆战队款式，特指现役 MCCUU 作战服的迷彩图案样式及外形样式，目前仍是美国海军陆战队专用商标）最初是由加拿大的 CADPAT（Canadian Disruptive Pattern 缩写，加拿大分裂式迷彩图形）发展而来的。

●起源

CADPAT 是世界上第一种被用于军队（加拿大军队）的数码伪装款式。它是在借鉴了德国的斑点迷彩的基础上逐步发展而来的，其研发时间可以追溯到 20 世纪 70 年代，实质性研发时间却是从 1988 年开始。CADPAT 的基本制式装备包括：战斗帽、盔罩、上衣、战地夹克、组合式作战背心（胸挂）和裤子。如同多数商业产品一样，它们都享有版权（加拿大政府享有），未经官方授权是不允许生产的。在上述装备中，CADPAT 图案现有两款：一款是温带丛林款式（Temperate Woodland，简称 TW）；另一款是干旱地带款式（Arid Regions，简称 AR）。

MARPAT 的发展依赖于加拿大国防部的支持，同时 USMC 对 MARPAT 的广泛研究也被反馈用于 CADPAT 的发展。大约在 1995 年，CADPAT 开始进行生产评估及迷彩伪装测试。1997 年，CADPAT 被加拿大军队采用，成为制式迷彩款式。USMC 可以说是直接套用 CADPAT 的图形款式。而 MARPAT 的制服产品 MCCUU（Marine Corps Combat Utility Uniform，美国海军陆战队作战制服）最终替换之前装备的 BDU 作战服。

●特点

MARPAT 的迷彩图案是由众多的小矩形色块构成，理论上这种迷彩比传统迷彩在远距离能够更有效地进行伪装，它的像素色块模拟了地物的纹理，且利用了人眼观察到的画面都可以分解为像素的原理。若在近距离观察，MARPAT 是一些小的数码色块，但如果观察距离增加的话，图案就会调和渗入多数环境，使得穿着者可以“溶在其中”，很自然地模糊了迷彩服与周围景物的界线。

MARPAT 通常被称为“数码模式”或是“数码迷彩”，因为它是通过微处理技术生成的图案，远胜过传统的大色块款式迷彩。在颜色选择上，MARPAT 使用的是经过优化筛选的平均值颜色，图案样式的走向均为任意方向。

2009 年 4 月 26 日，身着 CADPAT 迷彩的加拿大海军陆战队正在进行战术训练。

美国海军陆战队的MARPAT作战服分男女版，女版充分考虑了女兵的生理特点，并做了相应的改进。

MARPAT的专利权归属美国海军陆战队所有（包括产品的细节特征）。虽然效仿的DWC（Digital Woodland Camo，丛林数码伪装）和DDC（Digital Desert Camo，沙漠数码伪装）产品市场上也有，但按照规定：MARPAT款式以及运用该款式的产品（就像MCCUU和ILBE背包），它们只能由经过授权的制造商来提供产品，而且不允许进行一般的商业销售。这也是为什么MARRPAT的MCCUU相对于其他现役制服比较难买，而且很难找到MCCUU款式其他迷彩样式的服装的原因（类似ACU的款式，采用不同迷彩样式的“商业版”作战服有很多）。

在战场上，MARPAT在帮助陆战队员隐蔽的同时也是一个重要的敌我识别标志，正如在MARPAT装备部队时一位海军陆战队发言人所讲：“作为一支部队，我们需要能够立即被识别，我们认为这种新制服在1英里之外也可以达到上述要求。”事实上，MARPAT的制服和装具也确实做到了这一点。

由于严格控制服装的生产流通以及知识产权保护，即使在数码迷彩开始“泛滥”的今天，在一定距离之内辨识出MARPAT制服和装具也并非难事。这种美国海军陆战队装备的数码作战服，成为了美国军队新的标志性特征，而这种特征陆续在各军种和全球推广开来。

美国海军陆战队作战迷彩服，主要由上衣、裤子、八角帽和奔尼帽组成，配套装备还有脚踝处带有USMC标识的粗翻毛海军陆战队战斗靴、靴袜、短袖T恤等。

从2006年10月开始，每名陆战队员被要求拥有两套MARPAT制服（丛林、沙漠各一款）。比较人性化的是MCCUU专门为女性士兵设计了作战服，其主要变化在于：腰部剪裁被提高并缩进；加宽了上衣底部的襟围；缩小了肩宽，并保持现有的胸围尺寸；适当地增加了臀围。除了这些更加符合女性身材特点的改进之外，女版作战服的改进甚至涉及到了孕妇装。

MCCUU实物测评

MCCUU作战服2001年开始战地测试，2002年正式发布，2004年10月完成了军种整体换装。

因为MCCUU作战服官方版本（常说的“公发”）的版权归属USMC且不授权民用销售渠道，所以在美国只有陆战队员可以定购并穿着这些产品，其他人只能通过非官方渠道出于爱好进行收藏或是极个别War Game“粉丝”们小范围内着装活动一下（在美国买枪打枪都很方便，玩War Game很少）。如果你不是陆战队员，在公开场合穿着MCCUU将被视为是非法、不礼貌的行为，没准还会给你带来麻烦。

位于上衣左胸口袋上著名的“全球鹰”刺绣▶

●标识防伪

军版MCCUU作战服衣领内侧下方有一个黑底刺绣USMC彩章以及文字：最上面红色字体为该款服装的尺寸号码，彩章图案为代表USMC的“全球鹰”标识；中间黄色字体及图章翻译过来就是“为美国海军陆战队特别制作”；最下方的黄色字体为生产该作战服的公司信息（目前只有三家公司被授权MCCUU作战服生产）。而用于士兵自购或其他用途的非官方版MCCUU作战服（国内常说的“商业版”）也有销售，但是没有“全球鹰”图形和其他特殊的标志。公发的MCCUU作战服布料每间隔13英寸（约330.2毫米）会有一个较为隐蔽的印染“USMC”字母和“全球鹰”标识。

●材质及工艺

MCCUU采用50%棉和50%尼龙混纺的斜纹布面料——一种较为成熟的军服布料，耐久性和舒适性都比较好。经研发人员测试统计，士兵穿着相同厚度布料的裤子比上衣磨损要快6倍，而且披挂上战术背心后上身会比较“闷”一些，所以MCCUU上衣显得“薄”一些，裤子的用料相对更厚实一些（比ACU以及后期的ABU裤子还要厚），手感很明显。

上衣采用小翻领设计，平时可将军衔别在衣领处，若遇风沙天气扣住衣领下方纽扣，衣领会自然竖立，起到防风的作用。MCCUU套服上的扣子很多，但也只有在扣上这个“风纪扣”时才能从外边看到套服上唯一外露的扣子。

由于作战背心的普及，MCCUU上衣相对于BDU省略了下摆的两个大兜，同时为了弥补装载的需要，在袖子上方还缝制有两个矩形口袋。和传统美式军装衣兜一样，臂兜采用双层口袋盖布，既可以防止东西遗失，又可以防止扣子的磨损。前胸口袋使用维可牢粘扣单层盖布，与臂兜一样，均采用一定斜角缝制，这似乎成了MCCUU的一个标志性特色。倾斜角度是经过人机工效计算过的，取放东西时比传统的直兜更自然顺畅。左胸口袋上有一个较大的棕褐色“全球鹰”刺绣，目前美军只有陆战队和海军的NWU（Navy Work Uniform，海军工作服，特有USN“帆船鹰”标识）上有这种大型一体刺绣，其他现役军服在出厂时没有类似的刺绣标识。

袖口采用扣子收紧固定，有3个扣眼可根据需要进行调节，扣子是反向缝在收口处的，可以避免穿着时的刮蹭。在双肘、双膝及臀部易磨损部位均采用双层布料加固，加固层采用两道车线以提高耐磨抗拉性。不仅是加固层，只要是不同的剪裁布料接口都是采用这种两道车线缝制。

MCCUU 套服共有 10 个储物口袋：上衣 4 个，裤子 6 个。比较引人注目的是大腿上的“风琴口袋”，每个口袋加工有 3 个“风琴褶”，可以扩展口袋的储物空间。

与 ACU 及 ABU 口袋两侧没有“褶”而是直接缝合在裤面上相比，这样做虽然不及 ACU 或 ABU 可扩展空间大，但好处是使口袋与腿部更加贴合，不易变形，特别是装载体积质量较大的物体时稳定性会更好一些。

大腿袋口内侧缝有松紧带，使得上部收紧，再配合一边缝死一边纽扣固定的兜盖布，确保口袋里的东西不会遗失。在大腿袋下方设有排水孔，当士兵在水中活动上岸时，口袋中的积水很快会排空。裤子的腰部两侧采用松紧带作为调节，如果腰围适中，穿着时根本不需要系腰带。经常使用的裤子斜插袋采用双层布料加固，臀部口袋为直立矩形平面袋，双纽扣开合。

MCCUU 虽然手感厚重，但穿着很舒适，面料质地柔韧结实，四肢活动也不受限制，经过抗皱免烫和军事美学设计使衣服随时保持挺括透气，着装后尽显军人威武，真可谓 USMC 军迷们户外活动和家中“闷骚”的必备战袍！

MARPAT 的发展型

MCCUU 除了普通版之外，还推出了极富特色的防虫版本，款式与普通版相同，只是衣物经过特殊防虫处理，且内标签有特别的标明。

2006 年，根据前线反馈，MCCUU 推出了阻燃版的 FROG（Flame Resistant Organizational Gear，阻燃材料组合装备），前胸、后背采用阻燃且透气性较好的特殊材料，国内俗称“青蛙服”，FORG 配套的裤子也如 ACU 及 ABU 一样多了一个小腿袋。

此外，网络上经常会见到一套是未经证实的 MCCUU 二代测试版本，相对于老版 MCCUU 有几处重大改进：上衣和裤腿采用拉链开合；裤脚用内松紧带和按扣收紧；腰部增加排汗设计；双肘双膝加固材料采用新型弹性面料等。据说此款作战服目前正在接受海豹部队测试，所以衣服内标签上只有合同号而没有贮藏号。

穿着测试型 MARPAT 作战服的海豹小队，可以看出相对于老版 MCCUU 裤子，变动很大。

HBT 特种野战服
“很变态”的套装

第二次世界大战期间的亚洲战场，在印缅作战的中国军队接收了美国援助的M3型坦克，随同坦克而来的是全套的美式装甲兵装备——M1938坦克头盔和M1943型连体服。车内通话系统已经由T-30型喉部通话器变成了T-17型手持式麦克风。

在一次二战 Cosplay（角色扮演）中，“小白”问“老鸟”：“HBT是什么？”“老鸟”曰：“HBT就是中文‘很变态’的拼音缩写。”——这当然是军品装备玩家的笑谈，但是HBT特种野战服从1941年开始，至20世纪60年代末都在装备美国各类部队，年代跨度近30年之久，已经形成3个色系和多种版型，并且衍生出多种原料与样式搭配的装备成品——从这个角度来理解，庞大的HBT确实是“很变态”！

HBT 野战服概述

20世纪30年代，美国陆军为了日常作战训练和劳动工作曾配发蓝色和卡其色的纯棉套服。第二次世界大战爆发后，美军加紧研制新一代的作战/工作服，1941年一种全新的工作套服配发部队，这就是HBT。

其实，HBT是人字形织物（Herringbone，也称作“人字呢”）制作的服装的统称，这种织物比平纹布更加结实、抗撕扯。如果不小心被刮到，留下的只是小洞，而不是很大的裂口，这与后来出现的方块型防刮布有着同样的功用。

HBT工作服分为上衣、裤子和帽子，配发给陆军所有的军事人员。同时还有一种连体工作服装发给装甲兵和航空队。

这件是典型的 M1942 型 HBT 野战服，采用早期的鼠尾草绿面料。使用年代在 50 年代中期，应该是 1942 年前后生产在战后启用的库存品。

HBT 野战服发展历程

第一代的 HBT 采用夹克式外形，胸前有两个口袋，腰部有收紧用的调节带，裤子的设计保留了早期野战制服裤的风格，为直筒型裤，当时军方并没有为其命名型号，通常称之为“一型”HBT。帽子分为两种：一种是 1941 年装备的“黛西梅”（ Daisey Mae ）圆边帽，以替代 1930 年装备的牛仔帽，配发给除了装甲兵以外的所有单位，1943 年开始逐渐被淘汰；另一种是 M1941 式野战帽，配发给陆军所有单位。这种帽子的顶部有 8 个折角，但是与后来海军陆战队使用的 P42/P44“八角帽”有细节上的不同。M1941 帽从 1942 年开始大批装备部队，一直使用到了 50 年代末。

第一代 HBT 工作服面料为 8.5 盎司（0.26 千克）鼠尾草绿（Sage Green），即浅灰草绿色。首次采用了铆钉式扣子，扣子的式样一种是刻有 13 颗星的平板圆扣，另一种是边缘刻字的凹型扣。在服装加工环节这种工艺比起针线缝制更为快捷，而且铆钉扣结合后极为结实，安装妥当后想拆下来都很难。至今在一些牛仔裤上仍然会看到这种铆钉扣。

1942 年年底，第二代 HBT 装备部队，这就是我们经常见到的 M1942 型野战服。比较第一代，上衣的口袋被夸张地加大，以方便士兵携带更多的东西，袖口采用了两挡可放量的收口设计，为了防止刮蹭时松开，扣子向内闭合。裤子为直筒裤，同样巨大的口袋放置在大腿前外侧并附有兜盖。由于第一代 HBT 与 M1942 型 HBT 先后装备部队，所以只有在北非战场的士兵统一使用 M1942 型，其他地区的美军处于两种混用状态。

20世纪50年代，美军的团队徽章得到了长足的发展。一方面军队处在战后的变革，很多单位急需明显的标识加以区分；另一方面，团队徽章在鼓舞士气方面有着举足轻重的作用。在当时，基地指挥官具有批准团队徽章的权力，小批量订制品风靡军队。这件HBT缝有103运输团的团队徽章。很显然，这也是小批量订制的产品。

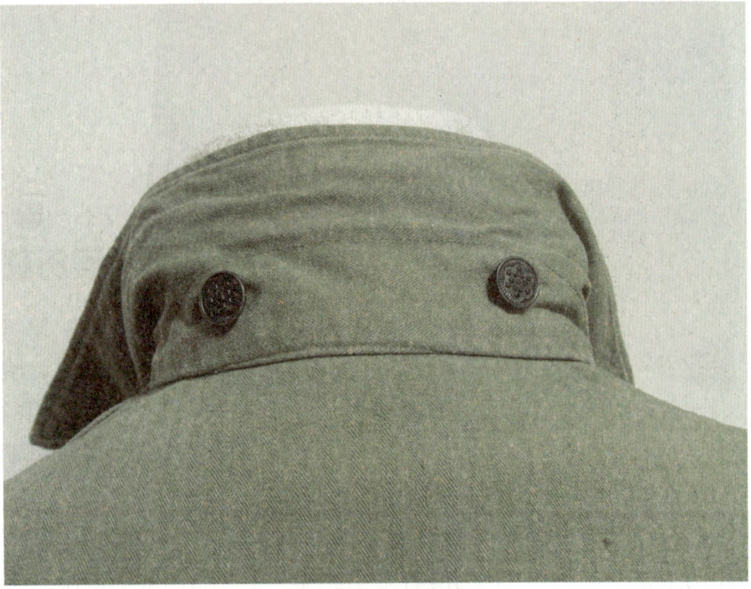

M1942型HBT野战服领子正后方的扣子，以方便与风帽结合，但在实际使用中并不多见。

袖口具有向内闭合的扣子与两挡调节的扣眼。设计的初衷是防止刮开，但使用者快速单手将其扣好并不是件容易的事情。

M1943型HBT连体服使用OD7色面料，取消了一型的右侧胸兜，在腰部增加了两个大型口袋并附有束腰带。

为了防止异物掉入衣服内，在开口内侧附有风襟层，扣子和扣眼在风襟层与外层交替闭合，保证了服装具有较高的密闭性。

1943年，土褐色、橄榄绿 、军绿色成为了HBT的标准色，后续生产型依然使用M1942型的服装样式。值得一提的是，二战中美国陆军和海军陆战队的P42/P44型迷彩服也是HBT面料制成的。虽然样式有所不同，但这两种服装由一种春秋双面迷彩制成，从1944年的夏天开始，陆军第2装甲师、第2和第30步兵师和一些在菲律宾的作战单位曾经配发过。由于这种迷彩和德军武装党卫队穿着的悬铃木迷彩比较相似，曾经多次出现误伤本方人员的情况。

一位老兵曾经回忆道：“那些混蛋只知道向穿迷彩服的家伙开火，可他们不是该死的德国人……”到了同年的 8 月，欧洲战场的美军几乎不再使用这种“倒霉的”迷彩。而在太平洋战场，海军陆战队的官兵穿着迷彩 HBT 一路跃岛蛙跳、高歌猛进。

二战结束后，美军开始总结战争中被服使用的经验教训。40 年代末，第三代 HBT 套服开始装备部队，这种套服与 M1942 型相比有以下的改进：上衣的口袋缩短，下斜角贴兜，平兜盖，袖子为散口；裤子采用直筒裤，裤兜改为短款敞口贴兜。

这是第二次世界大战结束后生产的 M1942 型 HBT，恢复了传统的缝制纽扣。服装保持了全部 M1942 的版型，只是换成了 OD 色面料。在朝鲜战争至后来的朝鲜驻军时期，这型服装曾经普遍配发，后来被 OG107 色贡缎面料野战服逐渐替代。图中的搭配是当时较为常见的混穿形态，即 HBT 上衣搭配同色贡缎长裤。

姓名识别条

1952 年开始使用的黑底黄字陆军识别标志

关于这个型号的 HBT 有一些非官方的“说法”：一种观点认为这类 HBT 是 M1947 型，即 1947 年装备部队的新一代作战服；另一种观点认为军方并未对这种 HBT 套服命名，而是基于 M1942 的改进型。从掌握的实物资料分析，第三代 HBT 是存在的，根据美军物资物尽其用、用完为止的习惯，第三代 HBT 除前面所说的以外还有其他的版型，甚至还有使用鼠尾草绿的。

第二次世界大战结束后，M1942 型 HBT 的改进型开始装备部队，称之为三型 HBT（也有一种观点认为是军方命名为 M1947）。这是一件由 M1942 型 HBT 改制的三型 HBT，缩短的胸部口袋是三型 HBT 的显著特征。

陆军识别标志

第 11 空中突击师臂章

姓名条

朝鲜战争时期，HBT 依然是前线士兵的主要服装。由于上述 3 种型号同时存在于现役，因此有很多士兵处在混穿状态。50 年代中后期，大部分陆军单位的 HBT 逐渐被 OG107 色（OG 表示灰绿色，107 代表具体色值）野战服所替代，但其作为工作服仍然在装甲部队和陆军航空兵中服役。随着库存面料的消耗，到了 60 年代 HBT 进入了暮年期，仅有一些本土的国民警卫队和训练单位在使用。

姓名条

陆军识别标志和装甲兵识别标志。20 世纪五六十年代，在步兵单位中的装甲兵分队为了与步兵加以区别，通常将没有任何数字标识的三角形装甲兵标志缝在陆军识别条上方。

苏联 M69 空降兵常礼服

天之骄子的荣耀

▲领章及上面的伞兵领花

M69空降兵常礼服为单排扣开身的西装款（不含海军），肩章、领章等一并俱全，可以分别安置兵种徽、军种色和军衔级别，简单大方，且明显易于辨识。而且，因为是西装式的大翻领，里面的衣服也要讲究，还要穿着衬衫系领带，或者直接穿着俄国特色的海魂衫。

当然，随着军种不同，海魂的颜色并不都是蓝白。比如海军步兵（海军陆战队叫Морские пехотинцы，海军步兵叫Морская пехота，俄国人一直坚定的使用后者，所以中文的翻译应该和英语的海军陆战队Marines加以区分，叫做海军步兵更为准确）就是近黑的深蓝和白色。后期内务部是暗红和白，边防军是绿和白。

苏联军服的年份

苏联的军服按年代规定型号，比较常见的有 M35、M43、M55 和 M69 几款，其分别根据数字所对应的相应年代列装（之间还有部分的改款，比如 M40、M58、M73、M88 等，都只改几样，大体没变，所以这里就不详述了）。在 M69 之后就是现代俄罗斯军服系列了。

在苏联各系列军服当中，M35 的名气最为响亮。它的特色是衬衫领套头装，有领章、无肩章。苏联军队的军衔、兵种徽、军种色标等，在一方小小的领子上表现出来。

M43、M55 则是单立领套头装，有肩章、无领章。军衔、兵种徽、军种色标都换了个地方，都搬到了空间稍微大一点的肩章上，当然，还是显得很局促。由于之前都是套头衫，衣服比较宽松肥大，必须要靠武装带扎起来才精神。而且，这时期的苏联红军，除了大衣之外，就这一件外衣（在外衣里面的穿着就不太讲究了，反正看不到，里面穿什么都无所谓。另外，天气要热起来，里面就干脆什么都不穿了）。一件上衣用途多多，又作衬衫又作外衣，士兵冬夏常服、礼服、作训服也都是这一身。这时期的苏联军服，颇具革命时期的粗犷和豪放特色，当然，这也从另一个侧面折射出，这个阶段红军的后勤工作一定相当简化。

从 M69 系列开始，华约迅速发展壮大，撑起了东半球的天空，同时将红色革命浪潮席卷全球。苏联红军的制式服装，不再谨守苏联单一一国特色，军服分类开始明显细化，仅士兵的军服就分为工作服、作训服以及常礼服。

M69 的时代

M69 系列的时代是苏联鼎盛而光辉的时代，那时，军力强大的苏联，攥起拳头来隆隆作响……穿着 M69 的军官和士兵们似乎马上就要站遍地球的每个角落，西欧老美整日惶惶而不可终日，时时担心被滚滚的红色铁流淹没，哪怕这股铁流暂时不能波及，但也有克格勃（苏联国家安全委员会，是苏联的反间谍机构）那无处不在的触手。

那时候一个非常典型的好莱坞镜头，就是某个脑子里满是自由世界的角色，一觉醒来掀开窗帘，外面街上刚好停了一溜“嘎斯”，楼道里一片响彻云霄的大皮靴的声音，到处都是穿着 M69 的内务部士兵，领头的准是礼帽加黑皮风衣、手里举个 PPK 的家伙。这时，长得帅的或美丽亮鲜的角色一定跳窗逃之夭夭；长得一般的一定吞枪自尽；长得丑的就一定当场改了信仰……“007”系列就更别提了，《黄金眼》一开头就是一群身着土黄色 M69、红领章、红肩章、一排大金扣子、咚咚咚踩着大皮靴的内务部士兵满世界地追着邦德，端着 AK“突突突”的扫射……那个年代 M69 给人的印象过于深刻，简直就是冷战时期苏联军事力量的一个鲜明并且“吓人”的符号。

●帽子

M69 空降兵士兵常礼服帽子有两种：一种是士兵大檐帽，配合衬衣领带使用；另一种是贝雷帽，配合海魂衫使用。贝雷帽加海魂衫特别彰显空降兵特色，是空降兵阅兵的第一选择，所以总能看到。这里比较有意思的是，贝雷帽上那个四边形的小红旗标志并不总是在左侧，有时也会在右侧，造成这个现象的原因是苏联规定红旗一定要朝向主席台的方向，所以小红旗的方向在哪一侧，要看在苏联哪个城市进行阅兵了。

上衣

也就是M69士兵常礼服，苏联在二战后士兵基本不分常服、礼服了。其实在二战时期，也只有在胜利时单独制作专为检阅用的“胜利礼服”。从M69开始，士兵的常礼服如果在遇到节庆时挂满东西就是礼服，平时穿着就是常服。样式上陆军、空军各军兵种完全一样，只是肩章、领章加以区分。

从M69开始，士兵不再穿着苏联红军的特色马裤而改成直筒裤，但马靴仍在使用，所以裤脚有个可以收起来别在裤筒内侧的脚袢。

M69士兵常礼服上衣

章

苏军常礼服胸前的章分为勋章、奖章、证章等。苏联和德国一样都特别注重军事体育，通常都会把体育等级证章放在特别显著的位置上，视为很重要的荣誉。

军事爱好者收集各国的勋章、奖章、证章等，既与军品相关又是艺术品，具有相当高的欣赏价值，每一个奖章的背后都蕴涵着一位优秀军人的奉献、牺牲、荣誉和成就。

绶带

是标准的列队行进绶带，由金属丝制成，很有重量感。据说，当时还有一些老兵喜欢一种尼龙制的大绶带，有着很夸张的巨大外形和一个似乎窗帘上才用的穗。

腰带

有两种：当礼服使用时是白色的，配合银白色的绶带；还有一种常服时穿着的棕色皮腰带。条令要求腰带的铜头要擦到锃亮，光可照人，不能有一点污渍。

右胸前佩戴的证章

凝结光荣传统的海魂衫

在这里，要着重说一下为什么空降兵也要穿着海魂衫。苏联空降兵司令马尔格洛夫大将在苏联卫国战争初期曾是海军军官，任苏联海军步兵第一团团长。在列宁格勒保卫战中，马尔格洛夫率领波罗的海舰队海军步兵与德国侵略者展开了激烈的战斗。战斗中，海军步兵身着海魂衫，常常英勇顽强地与敌人进行白刃格斗，表现出海军步兵们誓死保卫祖国的坚强意志。海魂衫在战场上是英勇的象征，同时也是让德寇闻风丧胆的“致命图腾”。

卫国战争结束后，马尔格洛夫被调到空降兵部队任指挥官，后来成为苏联空降兵司令。但他一直保存着一件弹痕累累的海魂衫，以纪念在卫国战争中牺牲的海军步兵们。在战后空降兵服装改变时，当时任苏联空降兵司令的马尔格洛夫为了继承和发扬海军步兵的光荣传统，坚持把海魂衫作为空降兵的制式内衣。所以，苏联空降兵始终在作战、训练时穿着海魂衫，海魂衫也成为了浓浓的苏俄特色和传统象征，它也让军队的威严和东方士兵的特色相得益彰。

海魂衫

苏联红军空降兵的辉煌历史

1927 年，苏军使用运输机在中亚细亚地区空投部队，一举歼灭了巴土马赤匪徒等叛乱分子，是人类历史上第一次出现的空降战。

1930 年，苏军建立了世界上第一支正式的伞兵部队。

苏联空降兵从诞生之日起就是苏联军队精锐中的精锐：

一、苏联空降兵不是武装力量的一个兵种，而是一个军种，完全独立，不属于武装力量中的任何一个军种，是和陆、海、空三军并列的独立军种，直接受空降军司令官指挥；

二、和平时期，其直接隶属于国防部长，而战时则隶属于最高统帅；

三、苏联空降兵在冷战时代拥有高达 10 万兵员的惊人规模；

四、各个空降师在行政上和作战上统一由一名司令官负责，这个职位是非常重要的，虽然他指挥的部队只有 7 个师，但其军衔则是大将（陆军总司令的军衔也是大将，但在他指挥下的部队却有 170 个师）；

五、所有的空降师在平时即达到战时的满员编制，士兵都是精心挑选的，空降兵部队在人员选择方面享有优先权，甚至排在战略火箭军和潜艇部队前面。

苏军占领布拉格的时候，出现在布拉格的第一支苏军部队就是空降兵；占领阿富汗时，第一支出现的苏军部队也是空降兵，并且攻打阿明宫打死了阿富汗领导人阿明，伤亡只有一人（此人是战场指挥官，他是在完全占领阿明宫后在窗口被自己人打死的，他同样获得了“苏联英雄”称号）；最后一名撤出阿富汗的苏军也是空降兵，他是驻阿富汗空降兵司令，不过，他是徒步越境走回自己国家的。

weapon world

第四章 专用刀具

极具人气的极端武力刀

■为精英部队而生

“极端武力”是1997年创立的全新刀具品牌，凭借对刀具品质精益求精的追求最终获得了意大利军方，特别是意大利空降部队和特种部队的青睐，成为世界范围内高品质战术刀具装备最知名的新贵！

该公司的产品“ColMoschin”的名字就来源于意大利陆军第9突袭伞兵团，这个团受意大利国防部特殊作战情报局OSSI的直接管辖，目前在阿富汗开展各项活动。“极端武力”刀具公司与这支部队共同开发的刀具被正式采用，推动了该公司日后的声名鹊起。

由于“极端武力”公司与意大利陆军第9突袭伞兵团合作制造的刀具被采用后获得了相当高的评价，因此不久之后意大利另一支精锐部队——目标截获与侦察部队（意大利陆军第185空降部队Ricognizione ed Acquisizione Obiettivi，简称RAO）也开始与“极端武力”公司合作研发刀具，这使得“极端武力”刀具公司在欧洲成为了最具人气和可信度的刀具业巨头。

“极端武力”-RAO

“极端武力”-RAO是“极端武力”中著名的刀具，该系列的外形很有特点，胖墩墩的。独特的刀身设计非常引人注目，不过这个设计可并不仅仅是为了标新立异。

重量：340克
刀身长：120毫米
刀身厚：6毫米
刀身材质：N690钢材（硬度为58HRC）
刀柄材质：高强度耐腐蚀铝合金
刀柄表面处理：黑色阳极电镀处理
刀身表面处理：MIL-C-13924黑色涂层

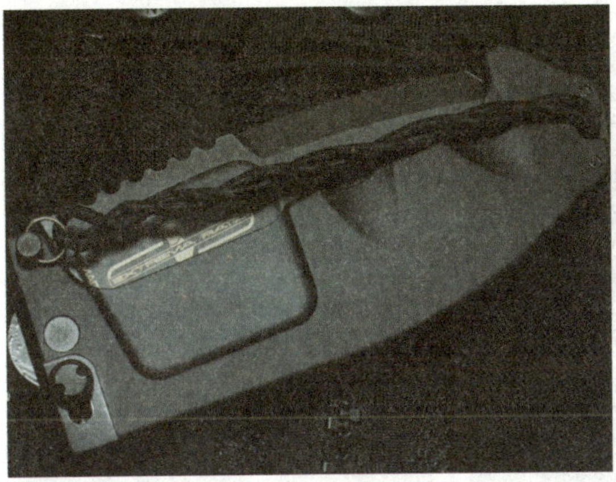

利用刀绳上的这个螺栓可以完全锁定刀身，使该刀具有与直刀相同的使用强度。

对于普通的刀具锁，只要按动图左下方的按钮就可以解除刀具闭锁状态，但在这把刀中即便刀具处于闭锁状态时人们无意按动了左下方的按钮，刀具也不会轻易被打开，这是RAO利用刀绳来达到双重锁定的效果。

“极端武力”-RAO是“极端武力”刀具公司与意大利陆军第185空降部队共同开发的，该刀的名称取自于第185空降部队的简称“RAO”。意大利陆军第185空降部队目前也在阿富汗进行部署，主要负责执行特殊任务。由于他们的任务要求能够长期安全地潜伏在敌方阵地，所以拥有一把可以挥砍、刀刃锋利且耐用、设计紧凑的贴身刀具，成为了他们必然的需求。“极端武力”-RAO就是针对这一要求而设计出的刀具，它可以像斧头那样挥砍，偏胖的刀身外形保证了刀刃的耐用性。

为了达到紧凑的效果，“极端武力”-RAO刀具采用了折刀样式。另外，为了使该刀拥有与直刀相同的使用强度，在刀子处于打开状态时，使用者还可以在锁定刀具后利用螺丝将刀身完全固定住。值得一提的是，无论这款刀是打开状态还是闭合状态，它“有容乃大”的刀鞘都可以将其收于其中。

高品质产品，物有所值

判断一把刀具的好坏，关键之一在于这把刀具的平衡感是否足够好，而平衡感的好坏是使用者在握起刀子的一瞬间就能够直接感受到的。另外，刀柄的长度也是判断刀具好坏的一个重要标准。不管什么刀具，只有拥有合适的长度才能称得上是一把好刀。

一般而言，当刀身是紧凑型的时候，刀柄也很容易制作成紧凑型，这样一来手握在刀柄上就没有多余的空间。但“极端武力”的每一款刀具的刀柄都偏长，所以使用者可以根据使用场景的不同而采用不同的抓握方法。此外，“极端武力”刀具的刀舌都凸出于刀柄末端，这使得刀柄也成了一个隐形的武器。

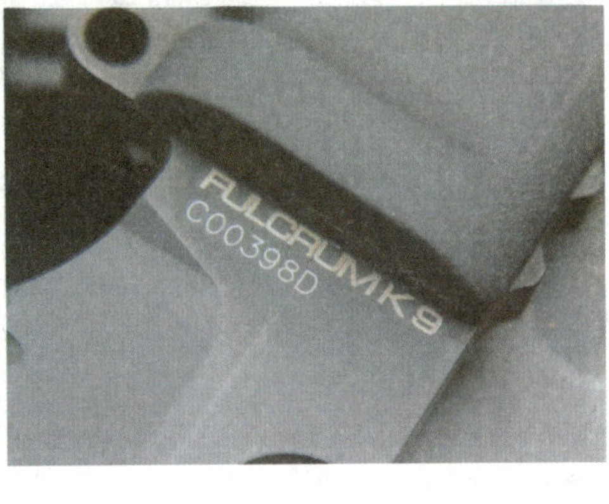

这把刀是“极端武力”公司应意大利特种部队C.O.F.S.(Comando Operativo Forze Speciali)的要求而制作的紧凑型刀具39-09，该刀采用意大利军队传统用刀样式，便于随身携带，为此制造方还推出了带刀鞘的刀具套件。

刀柄处的凸起物并不是装饰。设计者考虑到人们在使用刀具的过程中有拔刀的情况，也有需要用力往外捅的时候，所以就在食指与中指之间的部位设计了一个凸起物，这样一来使用者就可以往刀具上作用更大的力。另外，当刀身折叠并收于衣兜内时，可以用刀柄末端的夹子来固定刀具的位置。

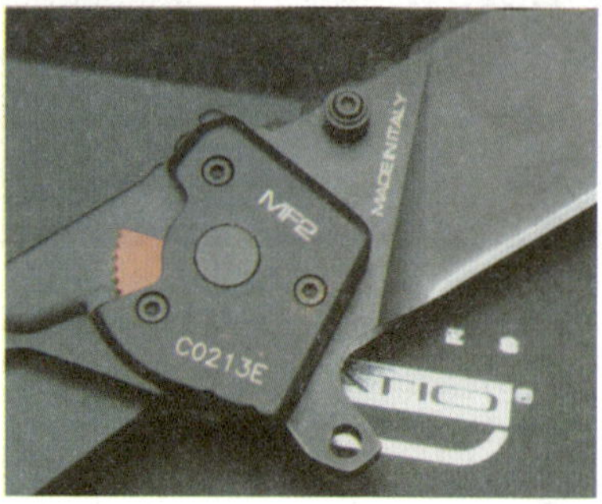

该刀外观有一个显眼的红色块是刀具锁定开关。折刀的稳固性可以通过调整螺丝得以提高，为了防止这个螺丝变松，这把刀采用了双重螺栓固定系统。

“极端武力”自诞生之日起就注定为意大利特种部队制作高性能军用刀，也正因为如此，它才拥有了极高的信赖度和市场认可度。它独特的设计确保了该公司的产品具有很长的使用寿命，当然这些因素都会导致“极端武力”刀具的价格偏高，不过对于执行任务的军人们来说，与自己的生命相比，这些钱只能算是“毛毛雨”啦。

这里使用的是带有刀绳的“极端武力”-RAO，这样做便于使用者在格斗时缩短拔刀的时间，以达到出其不意的效果。

▲只有同时精通刀具与枪械使用方法的人才能做出如此酷的动作。

型号 FULCRUM K9

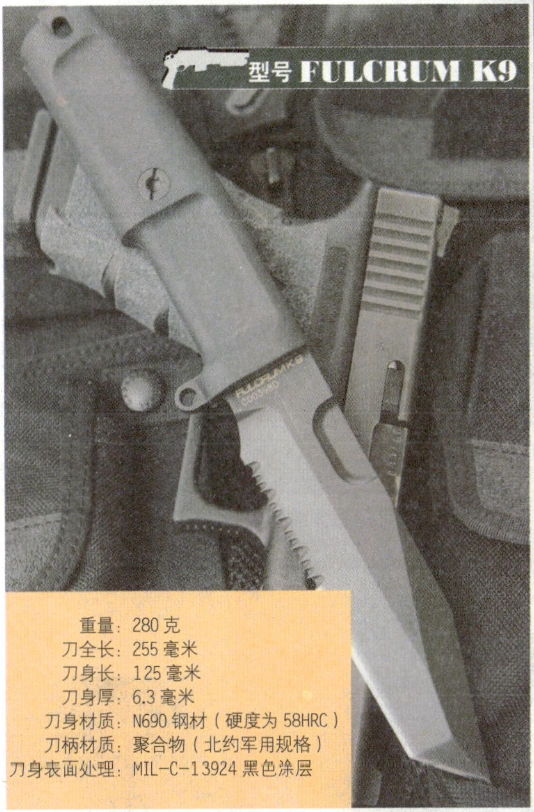

重量：280 克
刀全长：255 毫米
刀身长：125 毫米
刀身厚：6.3 毫米
刀身材质：N690 钢材（硬度为 58HRC）
刀柄材质：聚合物（北约军用规格）
刀身表面处理：MIL-C-13924 黑色涂层

型号 39-09

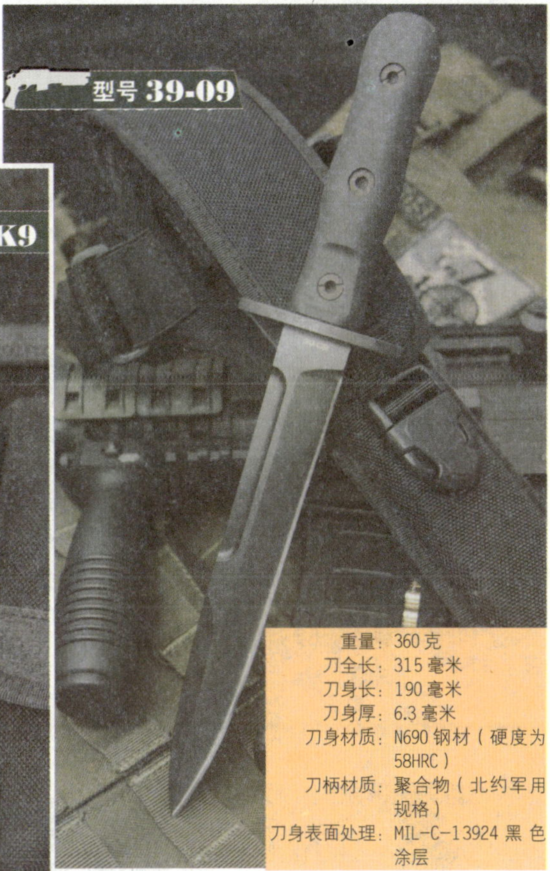

重量：360 克
刀全长：315 毫米
刀身长：190 毫米
刀身厚：6.3 毫米
刀身材质：N690 钢材（硬度为 58HRC）
刀柄材质：聚合物（北约军用规格）
刀身表面处理：MIL-C-13924 黑色涂层

型号 MF2

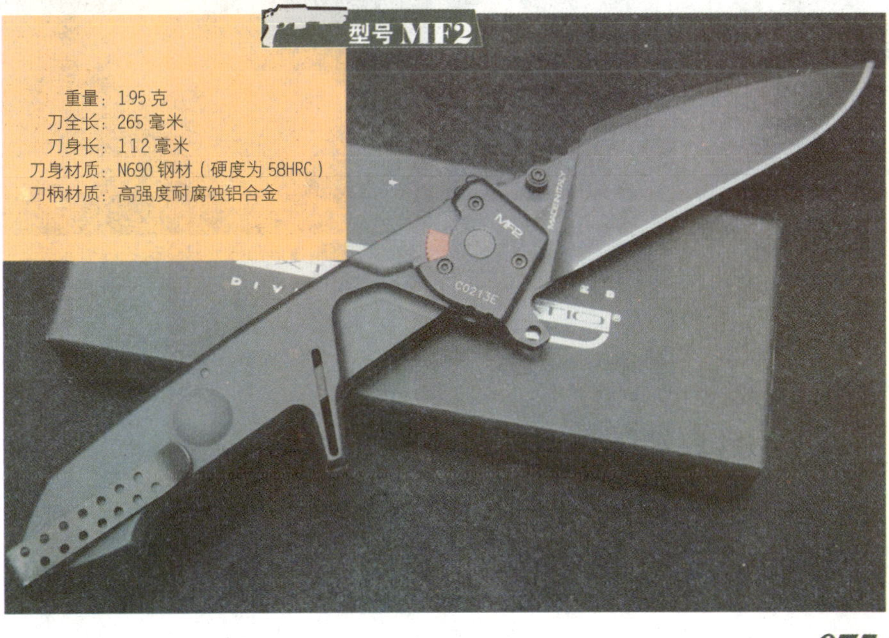

重量：195 克
刀全长：265 毫米
刀身长：112 毫米
刀身材质：N690 钢材（硬度为 58HRC）
刀柄材质：高强度耐腐蚀铝合金

利用折刀制服歹徒的过程

①警察在逮捕犯罪嫌疑人的行动中是不可以轻易将其杀害的，同时又必须执行任务，这就要求警察掌握相应的战术技巧。

②嫌疑犯看到警察手握折刀，就会伸出手按住警察握刀具的这只胳膊，这时警察就可以趁势用刀柄硌嫌疑人的胳膊。

③当刀柄紧紧硌在胳膊上时，嫌疑人就会因疼痛无法轻举妄动。

④这时警察就可以用另一只手按住嫌疑人的手将其拽倒在地，快速铐住嫌疑人。

持刀对决

①

②

③

④

⑤

⑥

①在战斗中，双方的动作都是同时发生的。当对方持刀向我方砍过来的时候，我方人员应当用自己的刀去对击对方的刀。
②同时用另一只手快速抓住对方持刀的胳膊。
③用刀柄尾端的刀舌凸出部位击打对方握刀的手背，对方因疼痛而松开刀具。
④然后一手利用刀柄别住对方的手，另一只手衬在其胳膊下方的反关节，使其动弹不得。
⑤接着衬在对方胳膊下的手向下按住他的胳膊就可以将其制服在地。
⑥最后单膝压在对方的肩上，使其完全失去反抗的可能，如果对方还强行挣扎就折对方的手腕。

蜘蛛刀——现代口袋刀的先驱

蜘蛛刀的魅力

■全员装备

在美国，除了特警等特种作战人员外，大兵和其他领域的警务人员、执法部门人员也都非常喜欢使用蜘蛛刀。比如：当到达美国某机场时，人们就会发现负责警卫任务的机场警察和安保人员也都装备有蜘蛛刀。

此外，在美国人的日常生活中也处处都有蜘蛛刀的身影，人们利用蜘蛛刀来切割胶带、打开行李、割断绳子、去掉毛刺等……总之，蜘蛛刀已经完全不限于特种作战装备的范畴，而是成为人们日常生活必不可少的工具。

特点明显，精益求精

在气温高达 40 摄氏度的日照中，美国特警队员们手持 M4 自动步枪，在尘土飞扬的训练场操练着各种战术动作。在观看他们的训练时不难发现，他们的枪套上都别着一把刀，仔细一看才知道是大名鼎鼎的蜘蛛刀。

在美国，除了军人、警察之外，其他领域的专业人士中也有很多人根据自己的工作状况使用蜘蛛刀。蜘蛛刀具有超强的实用性，这主要体现在以下几个方面：

蜘蛛刀刀身上的孔便于人们单手打开刀具，必要时即便单手拿刀也可以立即使用，这是蜘蛛刀的基本特点。

口袋夹也是蜘蛛刀的一大特点。由于有了口袋夹，在需要使用刀具时人们就不必在口袋内摸索，而可以很容易地将其取出。蜘蛛刀的口袋夹不仅仅可以把刀别在口袋上，还可以别在腰带、背包的织带等各个地方。正是有了口袋夹，人们才可以把它别在任何一个便于取用的地方。

蜘蛛刀的另一个独特之处就是带有波浪纹刀刃，这使得刀刃更加锋利。由此看来，实用性强、性价比高的蜘蛛刀有如此高的人气也就不足为奇了。

蜘蛛刀的刀身除了我们常见的最具代表性的波浪纹刀刃之外，还包括直刃样式、半直刃半波浪刃的刀刃样式，一共 3 种，人们可以根据自己的使用目的及喜好来选择刀刃样式。

▲正在接受训练的美国特警，他们腿部枪套上都别着蜘蛛刀。

蜘蛛刀的刀身孔等独特的外观给人留下了深刻的印象，但这些锐意创新的杰作对于那些习惯于传统的人们而言多少还是难以接受。可是他们一旦领略到蜘蛛刀的风采，就一定会追逐到底、永不放弃。其实，有很多制作古典折刀的手工刀匠们都被蜘蛛刀的实用性和独特的设计所折服，并最终成为蜘蛛刀粉丝。

这是一款设计独特的蜘蛛刀，子托制刀柄上面有两道凹印，不仅美观而且便于抓握。据说刀具作者为 Frank Centofante。

上：力易得 4，刀柄长为 125 毫米，刀身长为 98 毫米，有直刃、波浪纹刃、半直刃半波浪刃 3 种刀型。
下：德利卡 4，刀柄长为 109 毫米，刀身长为 72 毫米，有直刃、波浪纹刃、半直刃半波浪刃 3 种刀型，刀柄采用新型的颜色——树叶绿。

★如果要购买蜘蛛刀，就先购买这两款吧。因为它们自从面世之日起就一直是最受欢迎的蜘蛛刀，是蜘蛛刀具公司的代表性产品。它们是在原始蜘蛛刀的设计基础上，对刀身线条和刀柄进行改良后的作品，在刀柄的上下左右一共有 4 个地方可以安装口袋夹，是典型的蜘蛛刀风格。

可单手开合、刀刃锋利、实用性强的蜘蛛刀是现代刀具的先驱，因为它为现代战术刀的发展奠定了基础。迄今为止，大家不得不承认蜘蛛公司为刀具发展做出了巨大贡献，它在刀具制作上的革新犹如一股春风吹进了刀具领域。

现在蜘蛛刀已经有了很多种样式，其中包括广受好评的“力易得（Endura）4”、“德利卡（Delica）4”以及根据不同时期的市场需求从最初的蜘蛛公司经典刀型改良而来的各种长期生产的产品。

超越多功能刀具的挑战之作

蜘蛛公司在追求刀具实用性的同时，在刀具功能性和设计方面也做着各种挑战，蜘蛛多功能工具刀就是该公司在这方面获得的具有划时代意义的成果之一，也是最具蜘蛛公司特色的产品。

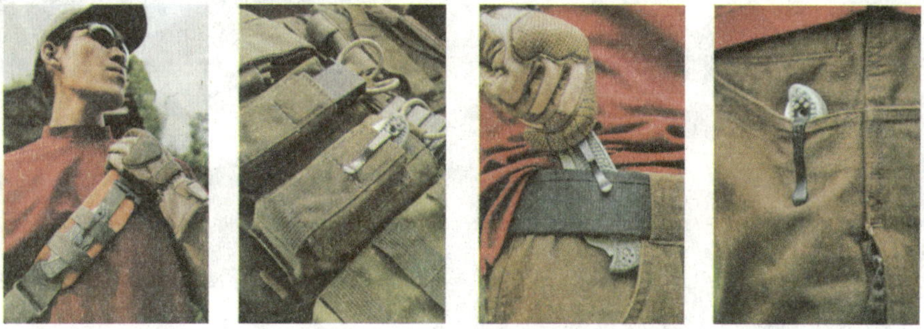

①　②　③　④

①双肩背包或者斜挎背包上面都有用来挂小饰物的织带，可以把蜘蛛刀别在这些地方以便于取放。
②军用弹药包、携行包、数码相机套等地方也可以别蜘蛛刀。
③腰带是别蜘蛛刀的好地方，由于和身体接触会有感觉，所以一般不会遗落。
④这是最常见的收纳方式，有了口袋夹，刀具用户们不必在口袋里摸索刀具，直接就可以拿出来使用。

市场上的多功能工具刀很多，但是像蜘蛛多功能工具刀这样从钳子、螺丝刀至活口扳手都具备的挑战性产品还不多见。与平常的直线型多功能工具刀相比较，蜘蛛多功能工具刀结构巧妙、设计独特。

蜘蛛多功能工具刀的主体部分由不锈钢制成，钳子部分有两挡可进行调整，通用性较高。刀子的部分和其他蜘蛛刀一样也采用了可单手开合的结构，这点符合蜘蛛公司的一贯风格。

钳子打开 90 度时，钳子的握把可分为两部分：一部分是活口扳手，另一部分是刀子。螺丝刀安装在刀具部分的刀柄上，在活口扳手内部还有配合多种螺丝型号的螺丝刀头，以备各种情况使用。

当钳子张开达 180 度时会自行闭锁，这时钳子就可以作为活口扳手的握把使用，从而增加了扳手的力矩。这个设计理念是蜘蛛公司的首创，在其他公司的多功能工具刀中没有出现过。

多功能刀具部分刀身上仍然留有刀身孔，这不仅没有损害多功能工具刀的功能性，反而实现了品牌产品的一体化，同时显示了蜘蛛公司不断挑战、努力创新的精神。

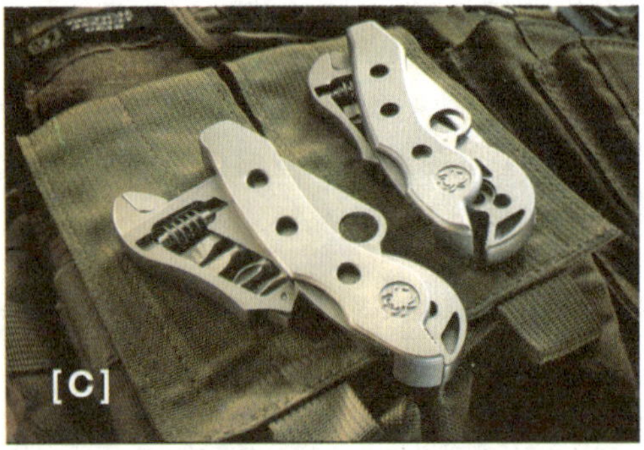

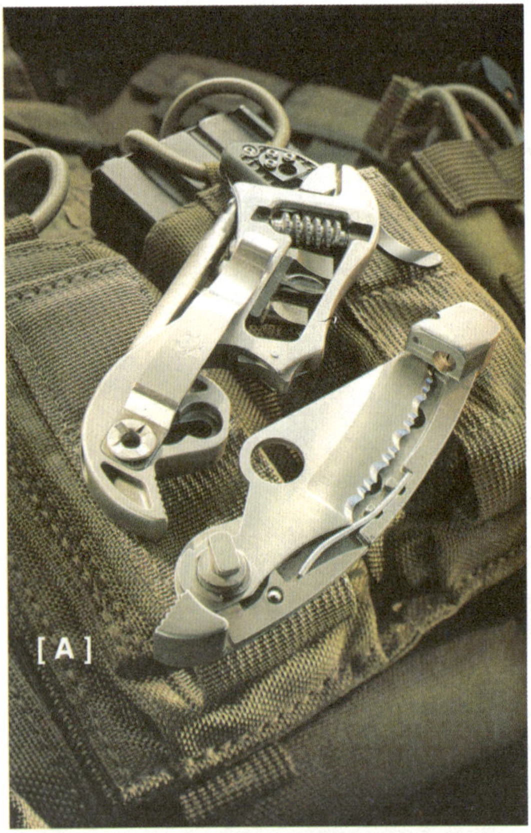

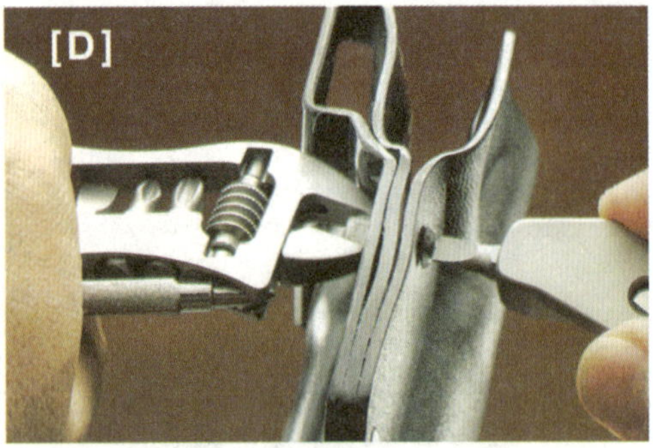

▲【A】将多功能工具刀拆分成活口扳手和刀具两部分的状态
【B】多功能刀具成 180 度的状态
【C】钳子部分的两个挡位所呈现的状态
【D】在拆分东西时用扳手固定住螺母，用螺丝刀拧螺丝。
【E】当多功能工具刀成 180 度打开时，增加了扳手的力矩，可以省不少力。

漂亮与实用兼备的蜘蛛网

蜘蛛公司的另一挑战之作是一款被命名为“S”的刀具，这款刀的刀身由不锈钢制作，刀柄材质为铝合金。刀身和刀柄采用了可透视的蜘蛛网样式，这一设计理念不仅没有削弱该产品作为实用刀的使用强度，反而还实现了整把刀具的轻量化。

▲“S”刀具

刀柄长为 89 毫米，刀身长为 62 毫米，刀身材质为 440C 钢材，刀柄材质为经阳极电镀的铝（有黑色和银白色两种），只有直刃样式。

为了实现刀具轻量化，刀身和刀柄都采用了镂空设计，这是“S”刀具的独特之处。不锈钢和经阳极电镀的铝制作而成的刀具仅有 55 克，可谓现代金属加工技术的杰作。

“S”刀具的镂空部分还起到了防滑作用，手感也很好。蜘蛛公司的这一设计理念不仅超越了其他公司，同时也给予了刀迷们一种新颖的审美观点。

“S”刀具很容易让我们联想到另一款蜘蛛刀“Q”：树脂制刀柄采用了类似大型建筑物骨架的桁架结构，在保持了刀具使用强度的基础上实现了刀具的轻量化，刀身除了刀刃部分外也采用了镂空样式，镂空图案有的是蜘蛛公司的图标，有的则是它的商标。

蜘蛛公司就是这样，为追求实用性而不断突破传统制刀理念，它所生产的优质单品一次又一次地体现了其自身勇于挑战、勇于创新的精神。

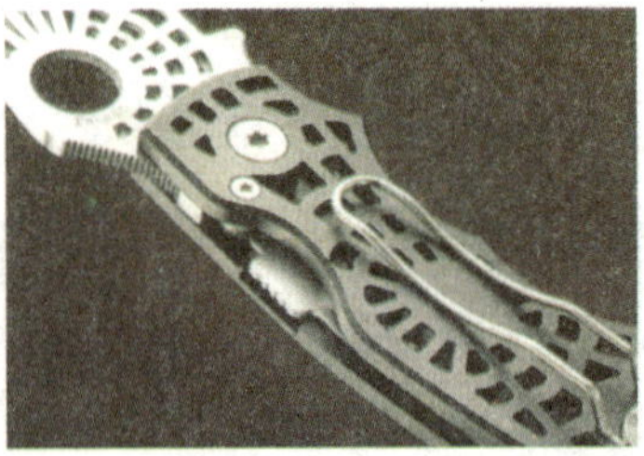

在刀柄背部安装着线锁。

"Q"型刀，树脂制刀柄采用了类似大型建筑物骨架的桁架结构，刀身采用镂空的框架结构。在这一系列刀具中，根据名称的不同有不同风格的刀具。

其他款式的蜘蛛刀

"游艇驾驶者/海盐"（Yachtsman/Marina Salt）（中）
刀柄长为120毫米，刀身长为94毫米，刀身材质为H-1钢材，刀柄材质为不锈钢，有直刃和波浪刃两种刀型。

▲———“ Aqua Salt” 水中救援 H-1 系列直刀

刀全长为 235 毫米，刀身长为 120 毫米，刀身材质为 H-1 钢材，刀柄材质为子托（颜色有两种黑色和黄色），有直刃、波浪刃两种刀型。刀身采用的材质为高速钢 H-1，即使这把刀放在海水中都不会生锈，刀刃极其锋利。虽然是水于用刀，但是刀身上仍然有蜘蛛刀的标志——刀身孔，在这儿它被当做刀绳孔使用。

←——“弹簧锁”（Clicket）

刀柄长为 70 毫米，刀身长为 48 毫米，刀身材质为 VG-10 钢材，刀柄材质为不锈钢，有直刃、波浪刃两种刀型。

刀柄为椭圆形，采用了与其他蜘蛛刀不同的设计，这款刀具中有刀柄采用了不同润饰风格的型号，刀身带一定弧度。

“蜻蜓”（Drangonfly）——→

刀柄长为 80 毫米，刀身长为 56 毫米，刀身材质为 VG-10 钢材，刀柄材质为子托，有直刃和波浪刃两种刀型。

这是一把被命名为“蜻蜓”的紧凑型刀具，设计优良、外形可爱，它可以适用于从日常生活至外出旅行的各种情况。

←——“海星”/“Tasman Salt”

刀柄长为 101 毫米，刀身长为 72 毫米，刀身材质为 H-1 钢材，刀柄材质为子托（颜色有两种，黑色和黄色），有直刃、波浪刃两种刀型。

在传统的蜘蛛刀中也有使用 H-1 钢材制作的刀具。这把刀是在蜘蛛刀原有基础上将实用性进一步提高的产品。

Strider 刀具

特种部队的“追踪者”

▲迈克·波顿斯，又名迈克·阿贾克斯，是反恐狙击手、海军陆战队教官，无论是在田野、山区，还是城市街道上，他都可以通过细小的遗留痕迹追寻到敌人的踪迹。
迈克·波顿斯 6 岁开始习武，8 岁开始制刀，18 岁加入罗德西亚雇佣军——英国皇家空降特勤队（SAS），成为其中的一员。作为创立现代游击战规则的传奇战士，他是当之无愧的专业战斗人员。
“追踪者 2 号”正是汲取了他丰富的实战经验后设计制作的。

斯特赖德（Strider）刀具公司致力于设计和制造在恶劣自然或战场条件下使用的生存刀具，公司的创办人与经营者都是退役军方人员，懂得极端情况下战士的需求，所以其最初目标便是为士兵提供最合理耐用、容易保养的野外刀具装备。达到这个目标使 Strider 刀具在野外刀市场大获成功，并为定制武器（工具）开拓出宽广的预备市场。

Strider 创办人的军方背景使公司能够洞悉军方、警方面临的各种用途需求，以及狩猎和商业潜水等领域的需求，因此，Strider 刀具公司研发的各个型号都能够满足甚至超越这些领域的实际需求，因此深受用户喜爱。

追踪者迈克

在英国最优秀的军队——英国皇家空降特勤队（SAS）接受丛林战斗的训练时，迈克·波顿斯懂得了刀具是单兵携行武器中不可或缺的装备之一。当时他们使用的是格洛克刀具，它的宽幅比廓尔喀族的传统刀具——廓尔喀弯刀还要大，形状很像灌木刀。该刀适合挥砍，在野外能够砍倒灌木，非常适用于搭建简易隐蔽物、打开椰子、挖掘树根芋头等，是可以应用在各种状况下的便利工具。

然而它有个缺陷，那就是制刀材质采用的是劣质钢材，如果过多使用就会导致刀刃受损，而且它不能用于突刺，士兵们还必须另带一把别的刀具。为了在战斗中取胜或者端掉敌人的岗哨，士兵们非常需要像“戈博马克 2”（ Gerber Mark Ⅱ ）那样的优秀格斗刀。

即便士兵们可以携带两把这样的刀具，它们也不能满足捕捉猎物、剥皮以及其他的削砍作业。而更残酷的现实是在执行任务时，像美国游骑兵这样的士兵根本就没有多余的空间来携带另一把刀具。

出于对以上各方面的考虑，迈克 · 波顿斯首先设计出了“追踪者 1 号”，这把刀非常耐用，能够适用于各种状况，另外在战斗中能够发挥出超乎想象的威力，不过在挥砍方面要比格洛克刀具差些。

追踪者 2 号（ManTrack Ⅱ）

这是一把好刀。它外形奇特，大型的柳叶刀身与宰牛刀有些相似，刀身的中间部位弧度呈现出些许弯曲，强势的外形似乎在诉说着它命中注定将追随终极格斗士。

这把刀名叫“追踪者 2 号”（ManTrack Ⅱ），是 Strider 刀具公司的产品。它汲取了反恐狙击手迈克 · 波顿斯的实战经验，是米克 · 斯特赖德（即 Mick Strider ，Strider 刀具公司的创办人之一，刀具设计师、刀匠）制作的有史以来最彪悍的战斗刀。

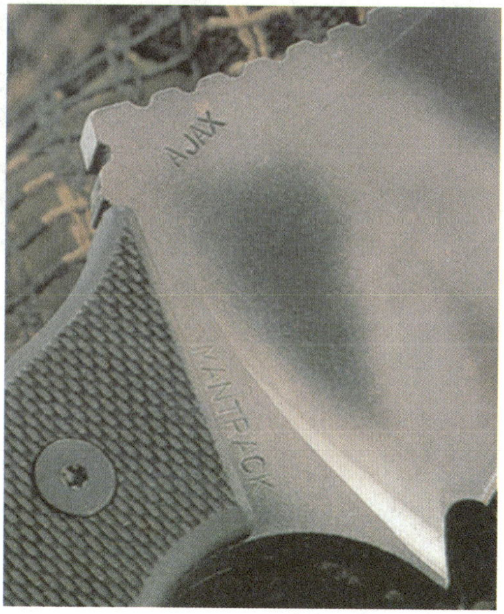

“追踪者 2 号”由迈克·波顿斯设计、米克·斯特赖德制作。在它的无刃部分刻有“AJAX”和“MANTRACK”的铭文。这把刀具是由 Strider 刀具公司生产，但只有迈克·波顿斯的公司“无限追踪（Mantrack Unlimited）”才对其拥有销售权。

迈克 · 波顿斯手握“追踪者 2 号”。该刀带弧度大型刀身，看起来像罗马时代角斗士手中的短剑。

左："追踪者1号"，刀全长为323毫米，刀身长为173毫米，刀身材质为ATS-34钢材，刀柄材质为降落伞绳缠线。
右："追踪者2号"，刀全长为355毫米，刀身长为205毫米，刀身材质为ATS-34钢材，刀柄材质为G-10钢材。
二者的全长之差并不多，但"追踪者2号"显得更具魄力。

"追踪者2号"个头很大，如果把"2号"与"1号"并排放在一起，就会发现后者是多么的小巧可爱，这使得它在战斗中会占有绝对优势。"追踪者2号"采用平面研磨的刀刃十分锋利，虽然整刀的厚度与其他Strider刀具相同，但它会给人一种偏薄的感觉，这是因为其刀身宽大的缘故。

在制作"追踪者2号"的过程中，Strider刀具公司的设计师们一直致力于制作终极实用刀具，因此丝毫没有考虑刀具的美感。但根据迈克·波顿斯的"外形是功能的延伸"理论，具有高实用品质的刀具自然会变得美丽。

当把新旧两把"追踪者"排列在一起，就会发现"追踪者2号"偏长，"追踪者1号"看起来要小巧些。"追踪者2号"的刀身宽幅大且没有护手，刀身略微有些弧度，这个小小的弧度使得它的削切功能非常强。于是，一把漂亮的实用刀具诞生了。

由于刀身宽幅大，呈发散形状，所以整把刀的重心就位于刀柄与刀身的结合处附近，这使它的平衡感很好，与同等尺寸的刀具相比较它更易于快速旋转，同时也提高了刀柄与刀身结合处的强度。发散形状的刀身还有另一个优点，就是进行突刺的时候切口大，给敌人造成的伤害也大。由于"追踪者2号"的切口是普通格斗刀的3倍，所以一旦用它突刺就会给对方以致命的一击。

"追踪者 1 号"和"追踪者 2 号"的制作者米克·斯特赖德

在制作"追踪者 2 号"时，米克·斯特赖德制刀的专业知识在刀柄的定型上起了至关重要的作用。他采用了 G-10 做柄材，这使得制成的刀柄线条笔直、外形漂亮、易于抓握，更重要的是它的形状无论手掌大、小，还是正握、反握，都利于抓握。

如今"追踪者 2 号"已经成为了许多特种部队的必备刀具，并在迈克·波顿斯以及他的队友们执行任务时发挥了很大的作用，而且常常出乎迈克·波顿斯的意料。

带 Strider 公司标志的神火（Sure Fire）M2

"追踪者 2 号"
刀身扁平、研磨完美、刀刃锋利，其实际重量比看起来轻得多。刀身虽然扁平但平衡感却很好。由于重量轻，所以使用起来和小型刀具一样灵活，但同时人们又可以利用它的重量挥砍灌木，真不愧是刀迷眼中最强悍的战斗刀具。
左下方漂亮的频闪灯是由神火公司发售的带 Strider 公司标志的神火（Sure Fire）M2，为限量版特制灯，这是因为神火公司的开发部负责人是 Strider 的超级粉丝。

SOG 刀具

海豹突击队青睐之刃

▲—— SOG·PUP Elite、Trident 折刀、S61·Power Lock 多功能工具刀

索格（SOG）公司现任董事长兼创始人 Spencer Frazer 受到 20 世纪 60 年代越南战争中美国陆军特种部队（绿色贝雷帽）第五部队群使用的博伊刀启发，于 1986 年创办了索格特种刀具公司。现在索格公司已经成为了以生产军用折刀、直刀、多功能工具刀为主的顶级刀具厂商，索格刀出众的设计和优良的性能使其成为了包括特种部队在内的众多刀迷们所喜欢的刀具。

索格公司的全称“Special Operations Group”（特种作战群），来自于 MACV-SOG——美国中央情报局（CIA）为掩饰军队进行的特战行动而命名的部队名称。

SOG 制作缘起

索格公司的创始人 Spencer Frazer 最初对刀具产生兴趣，是在小时候参加童子军时萌发的。通过露营等训练，Spencer 懂得了刀具是野外活动中必不可少的工具。回到家中后，Spencer 很快就让父亲带他去商店里买刀，在那里他看到了德国生产的博伊刀并央求父亲买下了，这把刀 Spencer 至今还保存着。

Spencer 小时候让父亲给买的德国索林根生产的博伊刀（图右），可以说它是索格刀具公司的生命之源。左边是最新刀型 TECH BOWIE，刀身上有由氮化钛涂层（Titanium Nitride Coating）形成的老虎纹（Tiger Stripe）。

Spencer 的父亲是位工程师，从事空调系统的设计，家里到处都是的画满线条的设计图对 Spencer 后来的职业产生了重大的影响。在成立索格公司之前，Spencer 曾就职于诺斯罗普公司（Northrop），从事航天、新型军用机械开发的工作，是先进轰炸机研制计划（ADVENCED TECHNOLOGY BOMBER）小组的成员，很有可能参与了 TACIT BLUE 试验机、B-2 轰炸机原型机等的制作。但由于涉及最高机密，Spencer 从未向外界透露过自己在诺斯罗普公司时的工作细节。

一个偶然的机会，Spencer 得到了越南战争时期美军使用的 SOG 博伊刀，它在实战中炼就的功能性、彪悍的魅力深深吸引着 Spencer。这把刀自身的设计、平衡感都非常好，在碳素钢制的刀身上进行了发蓝处理，装有垫圈的刀柄也经过了防水处理。不过，这是一把非常便宜的刀具，也许是出于消耗品的角度而考虑的，因此，Spencer 就和朋友开玩笑说：“我们做一款这把刀的奢华版怎么样？”结果朋友在回去的途中竟然真的折返回来答应了这件事。后来，Spencer 和他的朋友经过多次失败的试验最终获得了成功。

▲ Spencer Frazer

1955 年生于美国加利福尼亚州，年幼时就对刀具产生了浓厚兴趣。毕业于美国最顶尖的公立大学——加州大学洛杉矶分校，取得数学、科学双学位，毕业后独自建立了设计音响系统（Sound Speaker System）的公司。后来他把公司卖掉，到美国大型军火商诺斯罗普公司就职，从事关于航空航天开发方面的工作，参与了美国最先进军事技术项目。他于 1986 年成立了索格刀具公司，并获得了 Knife of the Year 等各种奖项，使索格刀具公司在短时间内迅速发展成世界刀界的顶级生产商。

在 Spencer 办公室陈列的越南战争时期美军 MACV-SOG 的刺绣臂章和刀具。到过 Spencer 办公室的人几乎都想得到这套东西，甚至有人出高价收购，但都被 Spencer 拒绝。

SOG 刀具发展

索格公司在成立之初也遇到了许多困难，当时仅仅为了赚回在《Soldier of Fortune》杂志上刊登广告的费用就已经把人弄得筋疲力尽。因此 Spencer 对于到底是继续把刀具制作作为兴趣，还是把它作为正业放手大干一场这个问题犹豫了很久。他最后选择了后者。正是这个慎重的选择造就了 Spencer 的成功，如果当时他选择的是前者，那么就不会有现在的索格刀具公司存在了。

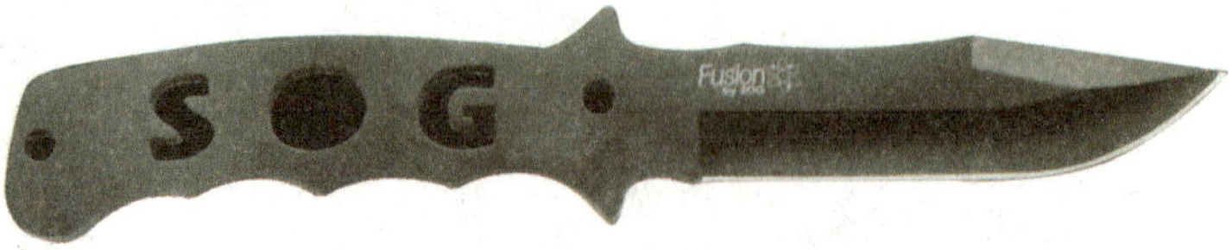

FUSION·Throwing·Knife。FUSION 是中国制造，用于投掷、劈砍、敲击等。

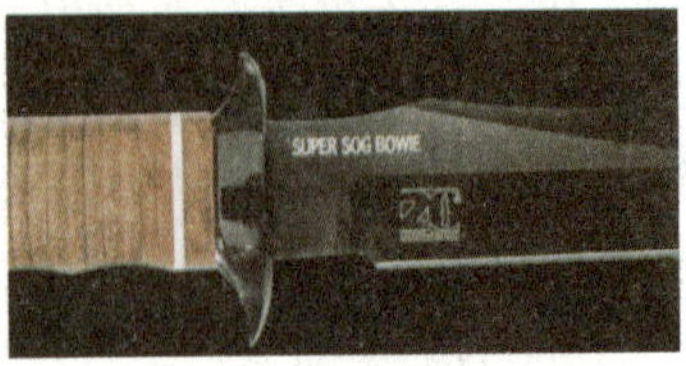

索格刀具公司成立 20 周年之际推出的纪念刀具“超级索格博伊刀”，刀身上有图标。

FUSION 牌子的中南美地区的山刀样式的 Jungle·Primitive。

现在索格公司的产品有 70% 以上由美国本土生产，此外在日本、中国台湾还有代工生产，近年来由于中国大陆的钢材质量提高，所以大陆也会有部分代工生产，因此索格在我国的台湾省和大陆打出了一个新型品牌 FUSION。

FUSION 刀具价廉物美，是为高强度的暴力使用而打出的品牌。比如，FUSION 这个品牌的战斗掷斧已经在伊拉克和阿富汗投入实战使用（据说 FUSION 战斗掷斧主要用于劈砍门把手、门窗合页等突破性的工作）。目前索格公司的生产状况是：多功能工具刀占 40%、直刀和折刀各占 30%。

图中人物左手握的是索格的新品牌“FUSION”的战术掷斧，右手握的是战斗斧，它们是以越南战争时期美军使用的军用斧为原型设计的。

索格公司聘请了许多高水平的专业战术顾问，其中有几人还是现役军人，出于保密，这些人的名字我们不得而知。比如，A 先生在美军驻加利福尼亚州圣地亚哥市的科罗纳多海军基地第三舰队服役，他刚刚从伊拉克战场上撤回。索格的 SEALS·2000、SEAL·PUP 型号刀具就是通过 A 先生的努力才被海豹突击队采用的。除了像 A 先生这样的现役军人之外，索格的专业顾问还有华盛顿州特警队队员、美国能源部特殊作业人员以及美国海军陆战队强力侦搜部队（武装侦察连）队员等。

在美国海军科罗纳多海军基地第三舰队的顾问建议下设计的 SEAL・PUP Elite 用刀鞘，配合单兵模块化携行具使用。

正是由于聘请了大量的专业顾问，索格刀具的市场反响非常好。索格刀具最大的特点就是保险功能性好，因为 Spencer 认为如果自己生产的刀具连用户的安全都无法保证的话那就太差劲了。

其次，索格公司认为，拥有良好的平衡感和优良的功能才称得上是高质量的刀具。市场上有很多刀具外表很奢华，但是平衡感很差、功能性可以说没有。有时这种刀具也可以很流行，这是因为购买者大多数是外行。真正的刀具必须同时具备安全性、平衡感、功能性以及高质量。

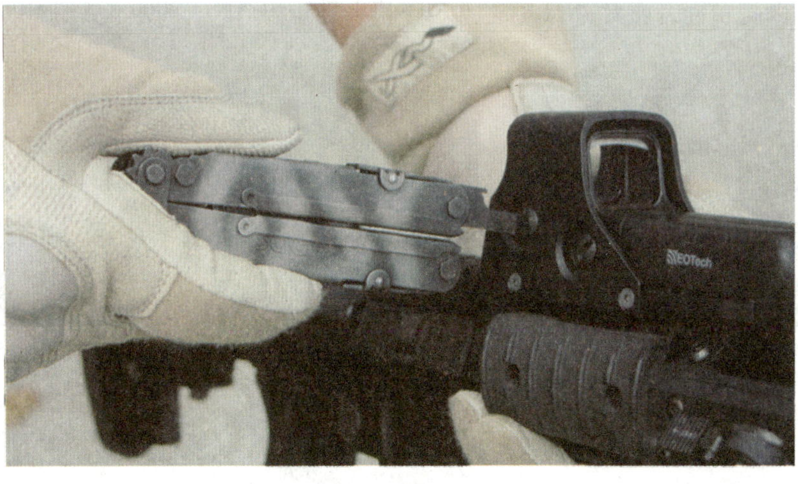

使用索格多功能工具刀可以对安装在 M4 步枪上的 EOTech 全息瞄具进行调整，这个功能在军队中使用频率较高。

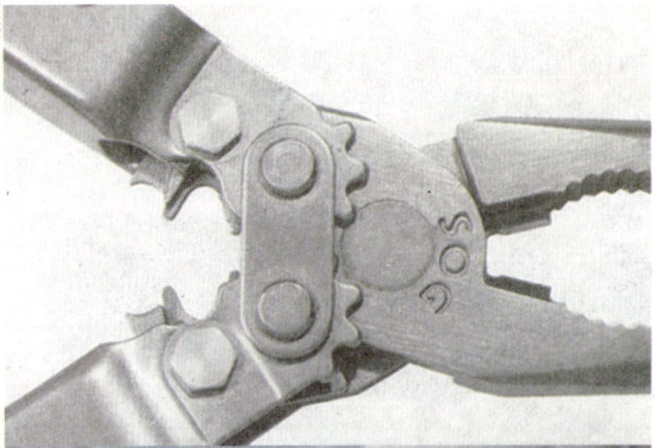

▲为爆炸物处理小组(EOD, Explosive Ordnance Disposal)设计的S61 · Pryor的钳腮部分，由于使用了齿轮装置，所以在手用力时可以使到达钳嘴的力度倍增。

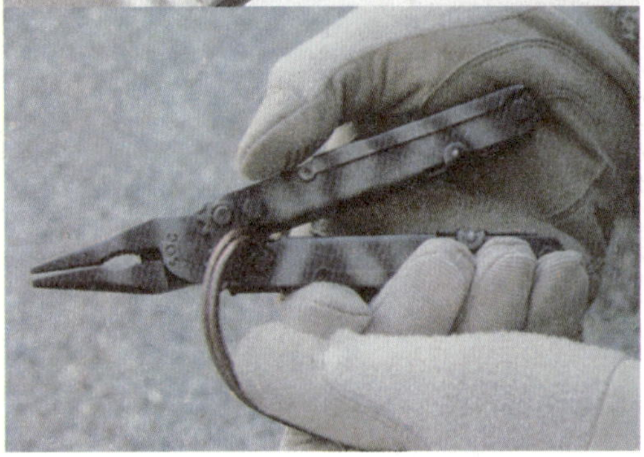

如今，一提起索格公司的刀具，人们必然会想起它生产的高科技多功能工具刀。索格高科技多功能刀具中的最新型号采用了V-CUTTER新型刀片，仅从文字上就可以看出该刀具的刀刃呈V字形，这是为了剪切降落伞伞绳等而设计的。

正因为索格公司长期以来获得了广大刀具用户们极大的信任与推崇，它才可以不必顾虑目前流行的奢华刀具对整个市场形成的冲击，反而继续贯彻其原有刀具风格并促使公司取得进一步的发展，这也与Spencer的背景有着密切的关系。作为航空工程师的Spencer非常重视工具的性能，这一点在索格刀具公司的产品上得到了淋漓尽致的体现。如果Spencer没有注重性能的性格，那他又怎么可能被安排去研究隐形战斗机呢?

在索格公司的代表性产品中，SOG博伊刀的改良型——SEALS · 2000，已经获得海豹突击队的认可。手握这把刀，觉得个头似乎有点大，但确实是品质优良的刀具。刀身有一定的厚度，刀柄采用了由美国杜邦公司制的子托（Zytel）和玻璃纤维的混合材料制作。刀身材质为AUS-6AM钢材，上面涂有氟涂层，是应对长期泡在海水中而采取的措施，刀刃极其锋利。

这款刀面市后，索格刀具公司收到了一些用户的反馈信息：“刀倒是挺好，但能不能把它做小一点呢?”SEAL · PUP因此诞生。PUP的原意是“小狗”，SEAL · PUP即指SEALS · 2000的缩小版。

▲最后一个阶段采用砂轮机或砂带机打磨刀刃。只有该工序是采用机器的，所以必须用熟练的工人，这也是对工人技术要求最高的一道工序。

▲索格刀具公司的刀具组装并没有采用流水线生产，而是由某个人完成一把刀的所有组装工作。

我们从折刀中也可以看到索格刀具公司的独创性，比如在 Trident、Flash 型号的刀具中都采用了叫做 S.A.T.（SOG Assisted Technology）的机械结构。

所谓的弹簧快开就是当使用者在刀具打开大约 20 度的时候，刀片就可以通过弹簧片自动打开的构造。这与弹簧刀（Switch Blade）有相同之处，但二者却是截然不同的两种概念。索格折刀也有保险系统，安全性很高，真不愧是 Spencer 设计的。

在美国，大多数州的法律规定除了军队、政府官员，其他人是不允许使用弹簧刀的。索格折刀采用的 S.A.T. 正好没有触犯美国当地的法律，所以人们可以不受约束地购买使用。

索格刀的各部零件都是委托其他公司生产的，而他们只需要进行刀具组装和质量管理工作。这不仅提高了生产效率，同时也降低了生产成本。索格的子公司也严格地执行着 Spencer 规定的制度，即严格执行质量管理，这便是索格刀具公司的产品要比其他公司的同类产品价格便宜且质量更好的公开的秘密。

更出人意料的是，这竟然是 Spencer 从诺斯罗普公司偷学来的。诺斯罗普公司就经常向外订购最新隐形战斗机、航天飞机等的各种零件，然后再运回来进行组装。正是索格刀具公司严格的品质管理制度，创造了索格刀具的辉煌和其他公司无法匹敌的来自用户的高度信赖，也使索格的产品行销海内外 40 多个国家和地区。

①

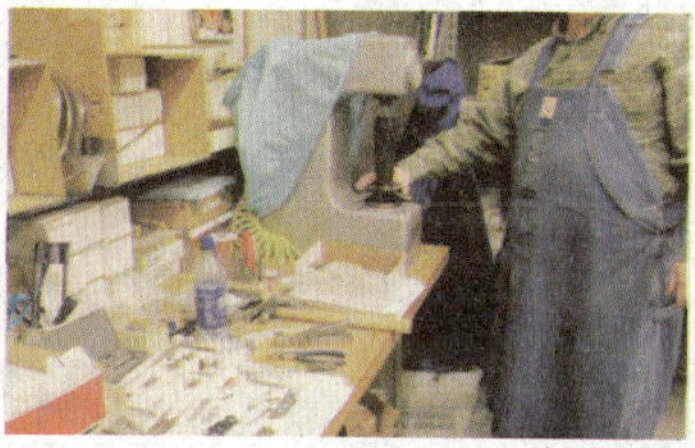

②

③

①正在一个一个认真检查多功能工具刀钳腮部分的工人，由于钳腮是关键部位，所以必须进行严格的筛选。
②索格的员工正在对 SOG-TAC 的原型刀进行测试，使用的是新型的专用机器、锻压机等。
③对外委托生产的多功能工具刀的零部件，随后将会由专业人员进行组装。

MACV-SOG

在越南战争初期，感到了军事顾问团能力有限的美国，于 1964 年 1 月 24 日建立了一个叫做 MACV-SOG 的组织，该组织用于统帅包括美国陆军特种部队（即著名的绿色贝雷帽部队）和 LRRP/LRP 部队、海军海豹突击队（SEAL）、空军特种作战部队、海军陆战队强力侦搜队等从事特种作战的各个部队，在越南北部、老挝、柬埔寨、中国南部进行非法越境秘密侦察和情报搜集任务的美国高度机密机构。起初美国中情局（CIA）只对 MACV-SOG（Military Assistance Command Vietnam · Studies Observation Group）的工作提供辅助性的秘密支援，后来慢慢地 MACV-SOG 就被美国中情局完全替代了。

那时在越南胡志明市郊外的胡志明机场内设立总部的 SOG，事实上并不在 MACV 的管辖范围，而是直接受美军参谋总长联席会议（JCS，Joint Chiefs of Staff）指挥。据说只有越南驻留美军最高司令官机要参谋、将校级情报官、海军司令官、空军第 7 航空队司令官等极少的人才能通过 SOG 在胡志明市活动。

另外，SOG 本来是“Special Operations Group”（特种作战部队）的省略，后来为了低调撤离越南就改名为“Studies Observation Group”（研究观察团），缩写仍是 SOG，所以 MACV-SOG 就成了现在人们所说的美国驻越顾问司令部研究观察组。

weapon world

第五章 综合装备

雪豹突击队综合装备

守护祖国心脏

2009年10月1日，中华人民共和国60华诞之际，全世界的目光都聚焦在天安门广场那场盛大的阅兵仪式上，雪豹突击队以武警装甲车方队的形式亮相阅兵式，成为了此次阅兵的最大亮点之一。

相对于只能通过电视直播来观看这一景象的绝大多数海内外人民来说，北京市民幸福得多，因为为了保障奥运期间首都的安全，雪豹突击队驾驶着装甲车走上了北京的一些主要街道路口，北京市民因此有幸近距离一睹雪豹突击队其相关装备的真容！

雪豹的历史背景

头顶庄严的国徽，左臂上醒目的鲜红色国旗臂章下是雪豹突击队的徽章：一头怒吼的雪豹侧面头像，在下面两支交叉着的95式自动步枪的衬托下分外威武，金黄色的麦穗围绕着中国的版图，这正代表了时刻保卫着首都安全的雪豹突击队的职责使命！

左臂国旗、徽章

雪豹突击队，原名是雪狼突击队，其组建于 2002 年 12 月，是一支立足北京、面向全国的“国字号”反恐部队。这支队伍隶属中国人民武装警察部队北京市总队特勤大队（3 大队）特勤支队（13 支队），在参加“和平使命 2007”联合军演时更名为雪豹突击队。他们之前也参加了奥运安保等各种反恐防暴任务，其他还有譬如反劫持、反爆炸、反袭击等特殊作战任务。雪豹突击队的每名队员都是经过严格选拔、严格训练、装备精良、技能高超的武装特警。

几年来，部队按照“锻造国际一流反恐精兵”的目标和“精兵、精装、精训”的要求，强一流素质、练一流作风、建一流设施，全面叫响“首战用我，用我必胜”的口号，全力打造反恐尖刀和部队全面建设的样板，先后圆满完成处置突发事件和各种重大临时任务百余次，参加各类重大军事演习、演练和对外表演数十次，连续多年被评为“军事训练先进单位”和“基础建设先进单位”，为国家和武警部队赢得了荣誉。

不论是 2008 年北京奥运会安保工作，还是 2009 年担负保障祖国 60 年大庆顺利进行的任务，人们都能看到中国这支精锐反恐部队的身影——中国武警“雪豹突击队”。以被人们誉为“雪山之神”的“雪豹”来命名特勤大队，寓意队员忠诚、团结、坚毅、勇猛、机敏，是对特战队员所应具备的高尚品质、作战能力、战斗精神和坚定信念的高度概括！

北京街头的雪豹装备

据资料显示，担负60年大庆检阅任务的雪豹队员单身装备造价约为30万元人民币，通过这个数字也能看出国家对其的重视，也可见其装备之精良。在国庆期间出现在北京街头的雪豹突击队队员虽然没能参加天安门前的检阅，但也是同样的全副武装：一身黑色特警制服，身着战术防弹背心；头戴防弹头盔、护目镜；半指战术手套，手持95式5.8毫米自动步枪；右侧大腿外侧捆绑枪套，内插92式9毫米手枪；战术背囊、对讲机、手铐等更是一应俱全……就整体装备来看，完全符合世界先进特战部队的装备配置。

▲防弹头盔、护目镜

大庆期间，在街头负责执勤的队员一般都与警用装甲车形成一个小组，就人们能够看到的情况来说，一辆装甲车一般为4人左右的编制，其中有2名全副武装的队员分别守卫在装甲车的前方和后部，可以在小范围（黄白色警戒线）内走动，另有1名队员站在装甲车的枪塔内，仅露出上半身，可以看做是驻守于相对的制高点位置，但是其活动范围相当有限。余下一人负责驾驶车辆，从装甲车的前玻璃处能隐约看到其并没有武器装备，看来属于非战斗人员。

此外，人们在现场还可以看到一面有3个转轮的可移动式防爆盾，可以作为机动灵活的单兵掩体来应对突发事件。

参加大庆的装甲战车

虽然我们不能亲身参与天安门前的检阅，但这里介绍的这辆驻守街头、车身侧面喷涂有鲜明“雪豹”头像标志的战车与接受国庆检阅的装甲车相同，为6×6型WJ03B警用装甲车，是WZ901防暴车的升级版本。WJ03B防暴车系列在我国防暴装备中起到了换代的作用，其全重14.6吨，长6.8米，宽2.84米，高3.047米（至强光探照灯顶部），可爬30度坡，越过1.2米宽壕沟，翻越0.55米高障碍，陆上最大时速85千米。虽然WJ03B装甲车取消了水上推进器，但该车仍可以通过轮胎划水，实现静水浮渡，水上时速4千米。

WJ03B防暴车的车体为全封闭式装甲钢焊接车体，有非常强的防护能力。该车车头为楔形装甲钢，在无准备的情况下，能以40千米/时的速度撞翻撞毁轿车、小型车辆、路障，能穿过小型民用建筑墙壁。

▲各种灯具和易碎部件都装有防护网罩。

为满足较高的越野能力，该车配有防弹轮胎，并配有中央调压系统，即使被弹片击穿后，仍能以30千米/时的速度行驶100千米。因此该车具有较高的机动性、通过性和行驶稳定性，对于越野追击、堵截歹徒具有极大威力。

WJ03B装甲车分驾驶室、动力室、战斗室和载员室4个部分。动力室右侧有一连接驾驶室和战斗室的通道，通道右侧开有侧门，供乘员上下车使用。驾驶室位于车体前部，左侧是驾驶员，右侧是车长，各配3具潜望镜。战斗室位于动力室之后，顶甲板座圈上装有内置式枪塔，人员可在车内进行射击，这是WJ03B防暴车的一大特点。

枪塔上装有1挺车载机枪，高低射界为–6° ~ 85°，周向射界达360°，利于对恐怖分子实施机动作战，同时也利于接近城市高层建筑。枪塔上还装备有手动方向机、高低机、昼间枪瞄镜、观察镜和行军固定器等。

此外，枪塔左上侧还可以装备1具38毫米车载式9管防暴弹发射器，发射器控制面板在射击手右侧枪塔内壁上。能发射多种性能防暴弹，专供武警、公安干警使用非杀伤性防暴武器，可用于迅速制止、驱散非法集会、游行，特别适用于对付距离150 ~ 200米外的群体。防暴弹发射器施放催泪弹的射程在150 ~ 200米内，枪塔顶部右侧有1具300瓦强光探照灯（仰角可通过转动手柄进行调节），枪塔中间有一舱盖供人员进出。

战斗室后部为载员室，左右各有一套长条座椅，各坐4人。战斗室有7个球形射击孔，左、右侧各3个，后门1个，每个射击孔上方都有一个防弹玻璃观察窗，从而提高了单兵武器的射击精度和射角范围。在驾驶室和战斗室的地板与车底甲板之间有各种传动部件，包括桥、传动轴、转向杆系，以及制动系统的储气瓶、各种阀、管路、排水泵、转向器等装置。车外行动部分包括悬挂装置、轮边减速器、车轮及转向杆系。车前部有车外照明灯、警灯、警笛等。

战地中的高科技信息传导装备

■科幻成真

为了应对瞬息万变的复杂战时环境，以美军为首的各国军队，都在陆续加快针对陆军步兵主战单位“最尖端未来作战系统”的实战装备配件的研发项目。

美军未来作战系统（FCS，Future Combat System）计划，其所设计出的各种最新装备能够有效降低步兵在伊拉克等主力战场上的死伤率，同时能有效遏制敌人的攻势。虽然美国议会也曾经压缩其几亿美金的预算，但FCS计划仍然存在。迄今为止，其所开发的新技术装备基本还保持在针对旅及其以下规模建制的层面，其中包括新型履带式装甲战车、机器人、侦察用综合平台等。而在外人看来，这些最新的高端科技装备更像是科幻片中的设定！

▲得克萨斯州胡德堡陆军基地，陆军测试部队在对远距离操纵式小型无人地上用车辆（SUGV）进行战术运用效果测试。相比较 i Robot 公司之前开发的“简易机器人”（能够装进背后帆布包中的 UGV）更加小型轻量化，重量为 13.62 千克，同时具有防水和抗冲击性。通过操纵一个和游戏机手柄一样简单的控制器来工作，其所拍摄的画面不仅能够实时通过无线网络传送，还可以自动上传到指挥系统上。这种小型 SUGV 适合进入危险区域进行作业，其中包括对高层建筑物内的探索以及隧道、洞穴和安放了爆炸物的场所进行调查等。

◀2008 年 5 月，得克萨斯州胡德堡陆军基地，陆军测试部队在对未来作战系统进行公开测试。在排成一线进入待命状态的士兵身前，一辆小型无人地上车辆（SUGV）正准备进入可疑的建筑物内。SUGV 会用手臂上方安置的摄像头拍下内部的情景并实时传送出来，小队长可以根据画面中的情况做出判断，制定出最终的战术。

因为有了 SUGV，使得战场战术变得灵活且有明确的目的性，但同时 SUGV 和其操控人员也成为了最容易受到敌人攻击的首要目标，所以在此次模拟行动的画面中，也可以看到陆军测试部队的突击步兵分队在为掩护其队伍中的 SUGV 操纵手进行射击。

长期从事这种无人侦察车开发的 i Robot 公司所开发出的这款 SUGV 重 13.62 千克，与之前的机器人侦察车一样都能进行远程操纵，强劲的穿越能力也使其非常适合对建筑物内部进行侦察。在情况不明或确定具有危险性的情况下，可以让一台 SUGV 进入该区域内进行图像采集和传送，目前人们已经能在一些特定场合看到士兵为类似“机器人”进行掩护射击的镜头，相信其发展空间十分宽广。

在现今美军的战斗中，多军种配合的立体攻势颇见成效，而其中重要的一环——无人机的使用也已经被人们所广泛认知，电影《变形金刚》1 和 2 中都有无人机的展示。同时，中国在该项目中也取得了一系列的成果。

画面中显示的是美国陆军指挥部人员在分析无人机（UAV）传回的实况图像与目标数据相结合的画面，而针对未来作战系统的这种具有统合性的情报管理体制被称为“未来作战系统战斗指挥能力（FCSBCC）”。这里的士兵可以通过在 FCS 陆地勇士等计划中开发出的内置显示器头盔看到这一实时影像。

这个远距离实时录像监视系统是由未来作战系统派生而来的，不论是陆地还是空中，都能够通过相应的侦察平台来取得统合的信息并传送回指挥中心。这个电脑界面显示的是将无人侦察机拍摄到的信息处理后的图像，这些经过分析处理后的图像可以直接传递到一线战斗人员的接收装置中，实现情报的及时更新。并且，从画面中可以看出目前使用的是微软公司的 Windows 系统。

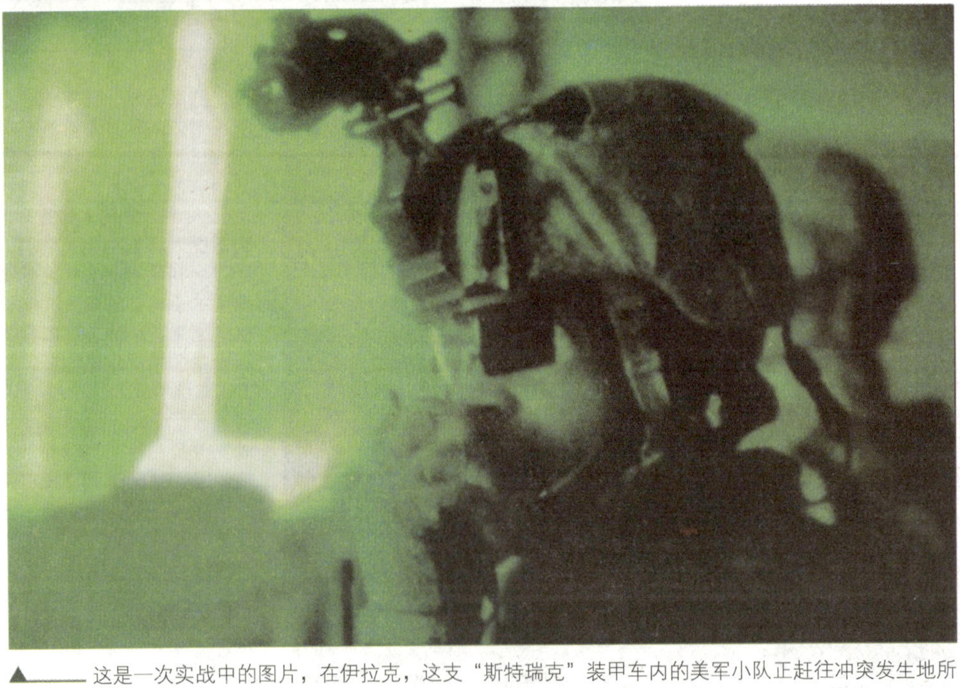

这是一次实战中的图片，在伊拉克，这支“斯特瑞克”装甲车内的美军小队正赶往冲突发生地所在的路上，这名陆军指挥人员在使用上述的一系列影像数据系统，以此来对自己和其他作战单位的配置状况进行确认并用无线电保持通话。这正是未来作战系统的一个很好的体现，因为该系统最终的目标是要达成使所有级别的士兵“完全情报共享”，再以此为基础来进行灵活应对和射击。

特种空降作战装备

■傲气雄鹰

说到特种部队的必备技能，首先让人想到的就是使用降落伞空降，这也是成为特战人员的一项基本技能，并且随着军队各兵种职能的调整，伞降技术也开始有了更加宽广的应用，甚至是被应用到城市反恐作战之中，而更多的战士则以拥有伞降资格证章而感到自豪！

众所周知，伞降是一项极其复杂的技能，除了战士们自身的身体素质和勇气之外，还需要掌握大量辅助装备的使用方法，这些装备的优劣及是否能够熟练运用这些装备，都直接关系到伞降人员的安危和所执行任务的成败，所以接下来就对降落伞空降作战的方方面面进行一下全方位解析。

降落伞简介

降落伞的伞布部分称为伞衣，起到加大对空气的阻力以减缓下落速度的作用。伞衣在开伞的状态下呈半球形，一般由 20 ~ 24 张球形片（由裁成三角形或四角形的布片 3 ~ 5 片缝合而成）组成。伞衣的材质要求弹力好并且重量轻（第二次世界大战时曾经使用丝绸来做伞衣，但因为这种布料受日光和湿气影响很大而难以维护，因此战后将材料改成了尼龙）。

背在身上的降落伞背带通过伞绳、由 4 根带子组成的伞带、开伞部件等与伞衣相连。伞绳的数量与球形片的数量相同，总体分为 4 股，与伞带前端的伞绳部件（前后左右共 4 个）相连。伞带借助开伞部件与背带相连，用以维持开伞后坠在伞衣下人体的稳定。除此之外，通过拉动伞带能使伞衣产生变形，从而能改变其内部的空气流动，最终可达到对降落方向等技术层面的控制。

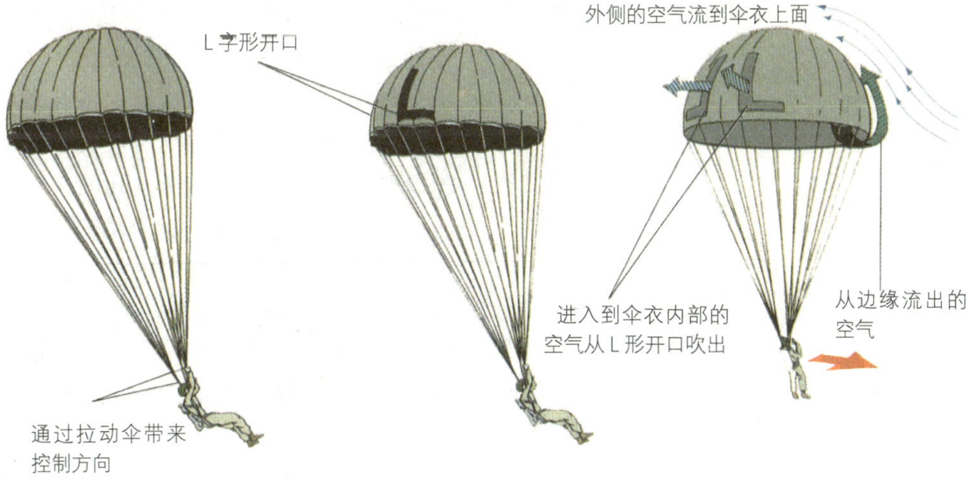

▲降落伞的基本控制
空降作战中使用伞形伞衣的降落伞。第二次世界大战中使用的是只有伞衣上部开有通气口的降落伞，这样虽然能够通过拉动伞带改变伞衣的形状从而使降落伞的重心发生改变，但却没有在下降过程中控制方向的效果。而战后降落伞被逐步进行改良，出现了在伞衣侧面增加有 L 字形开口（turn window）等式样，这样空气便可以从此处吹出，从而提高了降落伞的稳定性和可操纵性。

降落伞的种类和用途

降落伞大致可以分为专业特降人员用、普通飞机搭乘者用和物资投放用3种。这3种降落伞中，实际供空降部队使用的是专业特降人员用降落伞。那么，使用专业特降人员用降落伞有哪些要求呢？归纳如下：

开伞时间要短。如果开伞时间较长，保证安全降落所需要的高度也就越高，而空降作战情况复杂，开伞时间长自然不能适应空降作战。一般来说，为了使空降部队使用的人员用降落伞不受机速的影响，在从时速为180千米的机体中跳出时，要经过4秒、降下大约50米时才能开伞。

伞包和伞衣等要能够充分经受住开伞时瞬间的强大冲击力，保证降落伞在打开的过程中不会因为冲击而损坏或撕裂是绝对的必要条件。

设计要合理。为减少开伞时的冲击，将冲击力均等地分配到全部伞衣上也至关重要。

降落时的操控性高。降落过程中可以操纵降落伞以改变自身降下方向以及降下速度的快慢，而操纵性的高低由伞绳和与之相连的伞带的设计以及伞衣的形状决定。

重量轻。特别是在空降部队作战中，战斗人员各自携带的装备重量有限，因此降落伞自重要尽量轻，尽可能不影响自由行动。一般情况下，人员用降落伞的重量为8～10千克。

将伞衣控制在合适容积的情况下要保证安全的降落速度。展开后伞衣的容积过大会导致降落速度慢，虽然安全性提高了，但会造成降落伞重量的增加，以及极可能成为地面火力的射击目标。

构造上要尽量减少开伞的动作，并缓和落地瞬间传导至使用者身体的冲击力。

着陆后，通过简单的操作就能够快速卸下降落伞和背带，迅速展开之后的行动。

不能一味地追求快速下降，需要一直保持着能够控制安全着陆的速度。一般来说，安全下降速度为每秒5米。

使用后折叠收纳时尽量简单，以保证能够适应温度、湿度、日光照射等变化，即使长时间处于战场环境中也能够在使用时正常打开。

空降特战降落伞就是按照以上必要条件为基础而制造的。

降落伞的构造

降落伞根据使用目的不同而分为几种，但无论哪一种它们的构造是基本相同的。降落伞大致由以下四部分组成：

①伞衣与伞绳：降落伞的降下速度根据伞衣直径的大小有细微变化，直径越大降下速度就越慢，越小就越快。一般伞衣打开直径为7～10米。伞衣上部设有为了缓和开伞时的冲击并能够保持开伞后稳定飞行的通气孔，孔的周围设有橡胶绳，能根据不同状况来调节通气孔的大小从而达到更好的飞行效果，这个通气孔同时还兼具着保持降下速度稳定的作用。连接伞衣和连接零件的那些细而长的吊索（伞绳）长4～5米，数量与构成伞衣的球型片的数量相同，一根能够承受的强度大概为150千克。

②背带：通过骨架与降落伞相连接，支撑使用者身体的工具。背带能够以均一的力来支撑整个身体，也就是开伞时使冲击力均一分配。此时如果冲击都集中在一点，很可能造成骨折或碰撞。同时背带能够灵活方便地穿卸也是十分重要的。

③伞包：收纳降落伞用的袋包，开伞时需要将相当于伞包盖子的布片打开才能拉出降落伞。降落伞的收纳有多种方法，其中最常用的就是将降落伞直接装进伞包的方法，外侧再将自动曳索折叠固定好即可。降下后，自动曳索会根据使用者自身的重量被拉出，同时布片也被拉开，引导伞、主伞衣、伞绳依次被拉出。

④开伞装置：开伞装置用来将使伞包闭合的布片盖拉出，进而打开伞衣。分为自动式（自动曳索）和手动式（手动曳索）两种。

降落伞的构造

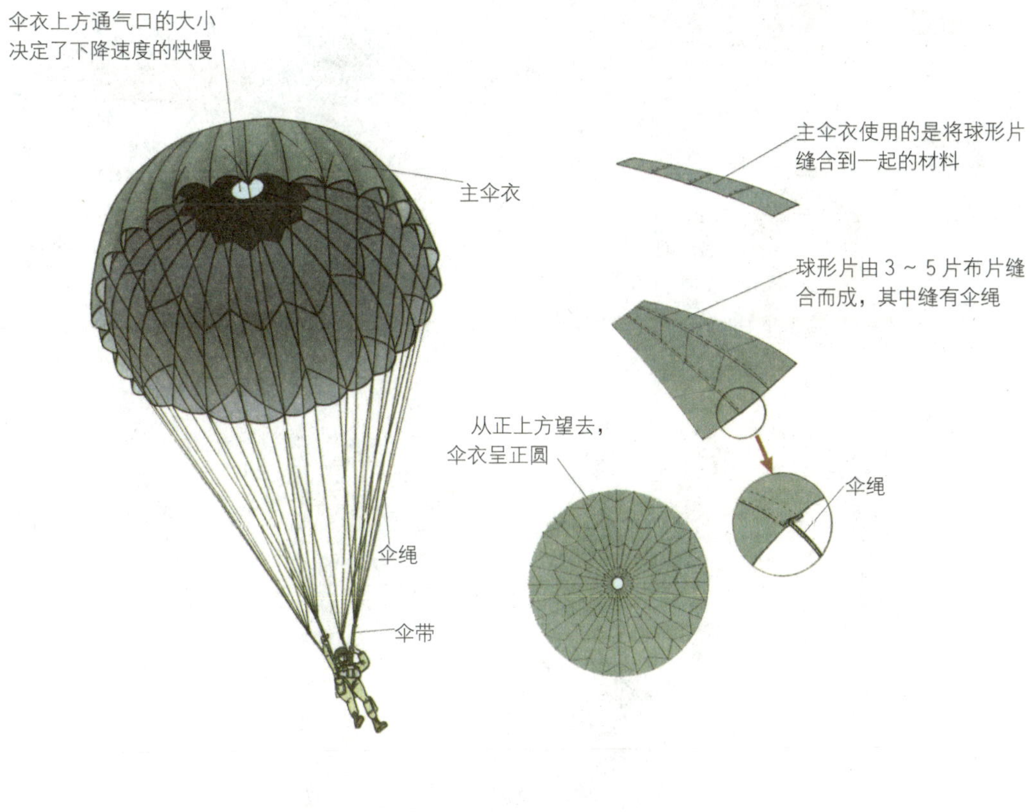

自动曳索和自由降下

降落伞空降分为利用自动曳索的降下和自由降下两种。在军事作战中，选用哪种方法要根据作战内容、降下部队的规模、部队的运送手段等诸多条件决定。例如，采用非公开的军事作战时，特种部队或特工在降落伞空降时最重要的一点就是不被发现，因此采用高高度的自由落下。采用这种方法的话，在不开伞的自由落下过程中可以作出各种降下姿势，能够移动相当长一段距离。

但是，采用高高度降下时必须要有氧气罩和特殊的降下用装具，而空降部队通常采用的都是利用自动曳索的空降。

自动曳索的优势在于能够缩短降下时间。空降兵在降落伞空降的过程中是非常危险的，面对地面的火力阻击他们无能为力。因此，为了尽量缩短降下时间会降低降下高度（高度 500 米以下），同时缩短每一个士兵的降下间隔。例如，在第二次世界大战中德军使用的空降法就是，每间隔一秒就降下一名“猎兵”的连续空降法。这种方法避免了降下后空中冲撞危险的发生，就算有 30 名兵员要降下也只需 30 秒左右。

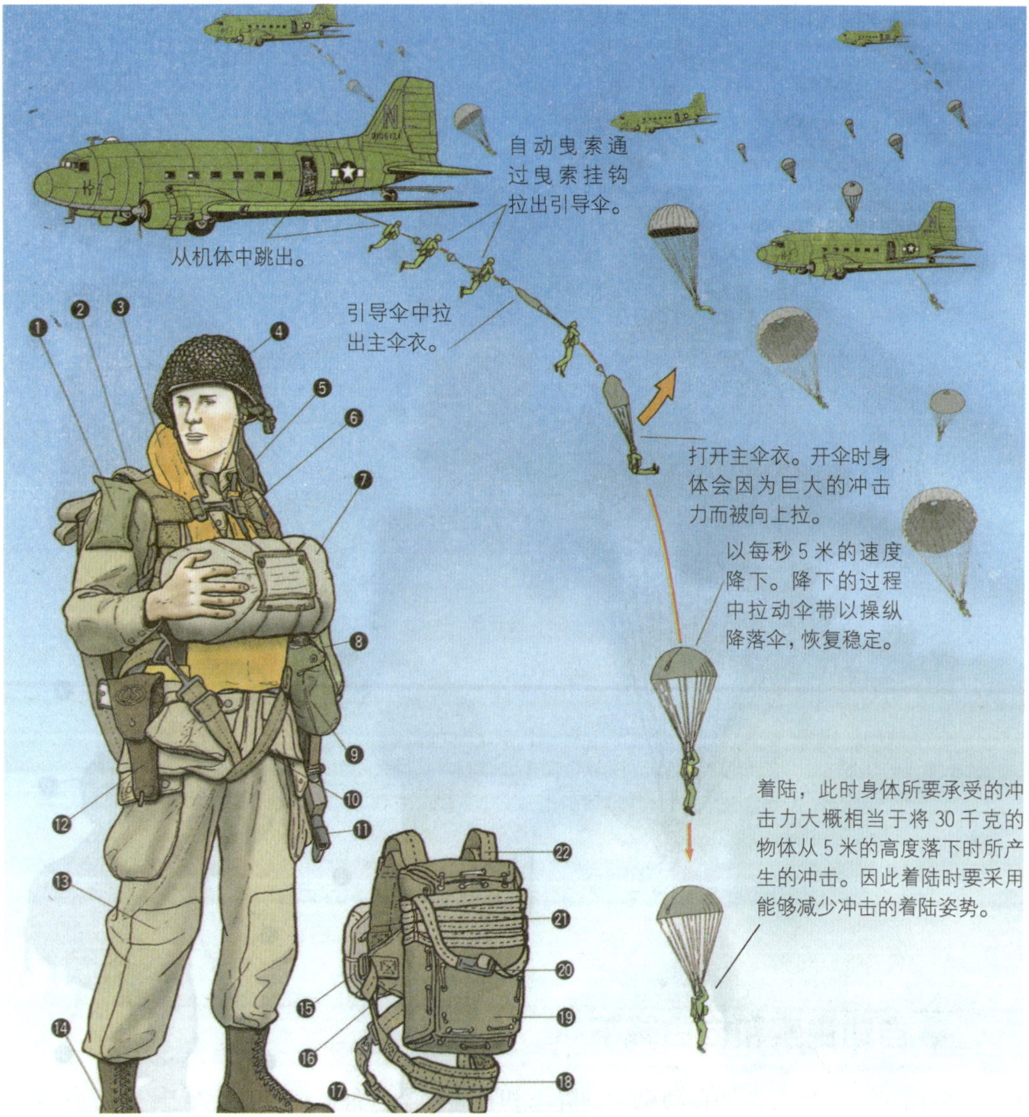

▲第二次世界大战时的美军空降兵装备（全套标准装备）①应急包 ②伞带 ③ B-4 救生背心 ④ M1 头盔 ⑤护颚 ⑥伞包胸前固定扣 ⑦备用伞包 ⑧杂物囊 ⑨水壶 ⑩背包胯下固定带 ⑪ M1A1 汤普森冲锋枪 ⑫M1911 手枪 ⑬M1942 伞兵跳伞服 ⑭跳伞靴 ⑮备用伞 ⑯主伞包背囊固定带 ⑰胯下固定带 ⑱臀部固定垫（带）⑲主伞包背囊 ⑳曳索挂钩 ㉑自由曳索带 ㉒伞带

第二次世界大战时美军空降兵使用降落伞空降过程的演示。自动曳索是用来使伞兵的降落伞自动拉出所用的绳索，起到伞兵从机体跳出后降到安全距离时拽动使降落伞开始打开的作用。使用自动曳索进行空降时，降落伞会在人员从飞机中跳出后经过 0.4 秒打开，即便多名成员间隔 1 秒相继降下也不会在空中产生冲撞，而且 30 名伞兵只需 30 秒便能够完成全部空降跳出，因此可见自动曳索有能够使兵员迅速展开空降作战的优点。▲

但是，利用自动曳索空降的问题在于，这种方法要求运输机的飞行速度控制在时速180 ~ 220千米，而第二次世界大战时运输机最低的飞行速度为300千米，想要进行降落伞空降的话还要将速度降到更低。然而，即便是短时间，运输机速度的降低也很可能会导致其成为敌方战斗机和防空炮火的牺牲品。尽管如此，为了使运送的部队顺利降落还是要将飞行速度尽量降低以便进行空降。

空降对于飞机飞行的又一"死穴"就是在面对地上猛烈防空炮火攻击时，低速飞行的运输机无法进行闪躲。再者，搭乘着30名空降兵的运输机以180千米的时速飞行并开始降落伞空降时，即便采用连续降下，全员完成降落也需要30秒。运输机每秒前进50米，30秒就会飞出1500米远，也就是说空降兵的展开距离最低也有1500米。空降下兵员的分散就意味着集合到一起所需的时间更多，这样也就失去了空降最大的优势——奇袭性。而采用数十架甚至更多的运输机进行空降的话，兵力的分散率会更高，兵力的集中运用战术几乎是不可能的。

为此，在投入大量兵员的空降作战中，要采用在目标地点上空盘旋飞行的方法以避免兵员的分散。但同时，这样被击中的危险也会加剧。

现役美国陆军空降兵的装备

空降兵的本职任务是在通过降落伞空降地面后迅速展开战斗任务，因此空降兵所携带的装备大致分为两类。一类是降落时所使用的伞降装备，另外一类就是降落后使用的战斗侦察等装备。后者与一般步兵无异，包括枪和弹药、水壶、杂物囊、应急包等各种个人装备。因此降落后1 ~ 2天的战斗生存必要装备再加上降落伞装备，总重量便达到了30 ~ 40千克。这样的重量使得士兵独自登机都很困难。

但在完成降落，将降落伞和与之相关的装备卸下舍弃后，他们的携行装备又会变得比一般步兵更少，所以在没有补给的情况下空降部队很难进行长时间的敌后战斗。不过，进行降落伞空降作战的空降部队原本就是作为紧急展开时所使用的兵力，空降部队的任务是在本队的地上部队到达前进行据点的确保，一般不会用于长时间战斗，而现代的空降部队也会携带反装甲火箭筒等重火力装备。

①枪械收纳包②背包③自动曳索带④主伞包（T-10）⑤降落伞固定腰带⑥背包固定带⑦背包⑧备用伞包（MIRPS/T-10）⑨开伞部件及背带

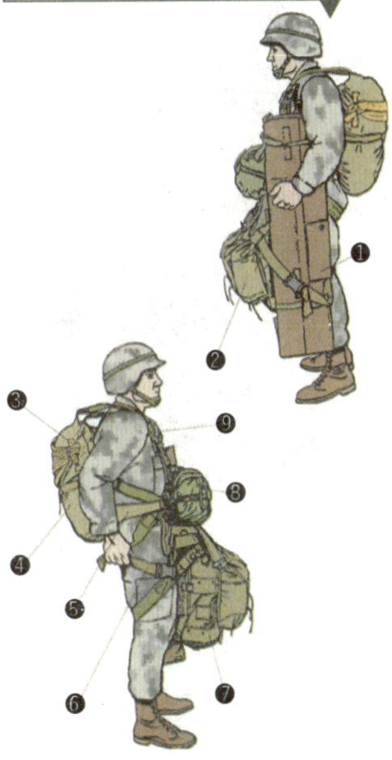

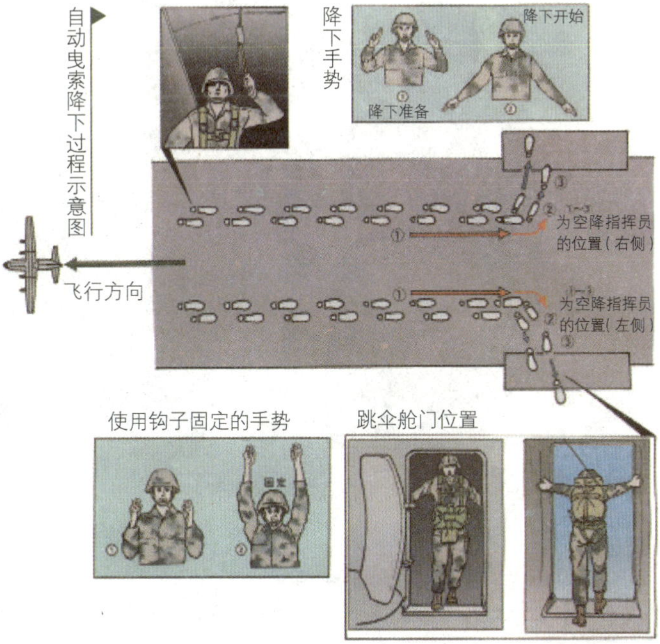

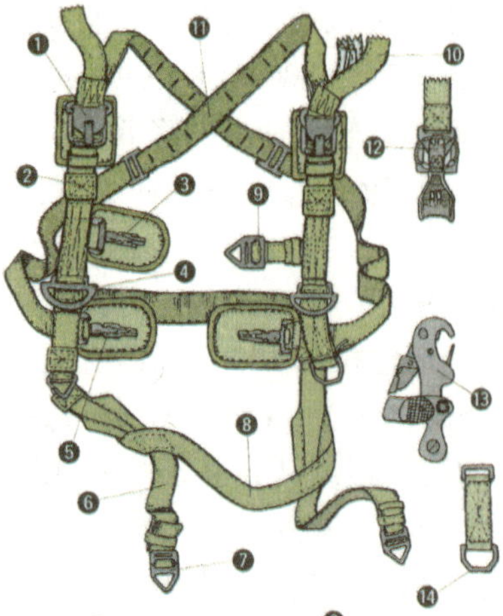

背带部分
①开伞部件（用来连接接在背带和伞衣上的伞带配件）
②受力袢
③脱离扣（固定胸带）
④D环（用来连接备用降落伞的零件）
⑤脱离扣（固定腿带）
⑥腿带（穿过胯下）
⑦V环（固定腿带）
⑧坐垫
⑨V环（固定胸带）
⑩伞带
⑪后背带
⑫开伞部件（打开状态）
⑬脱离扣
⑭配件

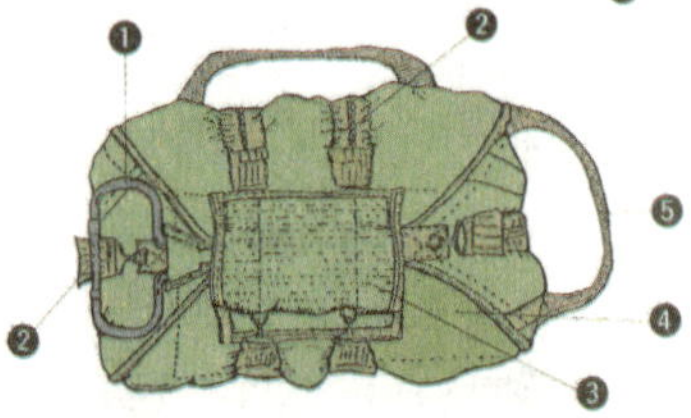

备用伞包
①开伞索握把（紧急展开用握把）
②开包松紧带
③开伞索防护带
④底板
⑤手拎带

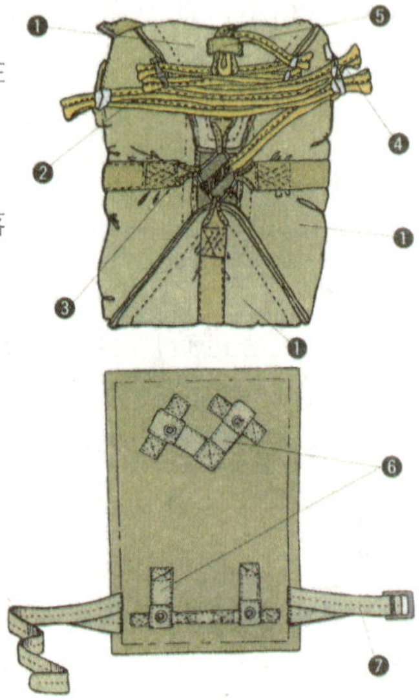

主降落伞包
①伞衣背包折叠
②自动曳索带
③伞衣背包另外侧折叠
④自动曳索固定带
⑤自动曳索抽出位置固定带
⑥后背带固定带
⑦腰带

▲———T-10系列降落伞装备

▲———现役自动曳索伞降配套装备（T-10系列）

①开伞部件
②备用降落伞开伞索握把
③折叠工具包
④备用降落伞
⑤胸带
⑥主背带
⑦自动曳索钩
⑧备用降落伞
⑨降落伞腰带（将降落伞固定在身上的带子）
⑩主伞包
⑪降落伞开包绳
⑫腿带（穿过胯下）
⑬伞包闭合的折翼处
⑭自动曳索

二战美、德医疗兵综合装备

战地“红十字”

▲一名医疗兵在对伤员进行救治的同时，另一名医疗兵在对伤员进行看护。保护好头部、不断和伤员说话（防止失血过多而昏迷）、为伤员鼓劲打气、喂水等都是医疗兵的工作，这种工作对于正在接受治疗的伤员十分重要，能够起到缓解休克症状和舒缓情绪的作用。

他们，手中没有像样的武器，却与战士一同冲锋陷阵……

他们，身上仅有的装备，就是药品和坚定的意志……

对于深陷战火硝烟中迷茫无助的士兵们来说，他们是医生、是牧师、是父亲……他们迎着呼啸而来的枪林弹雨，在杂乱异常的战场中四下寻找求救的呼声……他们给士兵们带来了生的希望，给他们带来了上帝的光芒，于是士兵们称他们为“上帝眷顾的医疗兵”。重现1944年“凸出部战役”中的美、德医疗兵综合装备，铭记那曾经的岁月！

医疗兵概述

美军部队中配备医疗兵的历史可以追溯到1775年，当时他们承担国家的医卫服务和对于士兵的医疗救助这两方面的工作。但是，初期的医疗兵并没有具备太多的专业医疗知识和应对紧急伤病的处理经验，并且当时也没有专门培养这些医疗兵的体制和部门。事实上，当时所谓的医疗兵，今天看来只不过是负责抬担架的工兵而已。

在美国陆军当中，这群人真正开始担负起医疗兵的职责，是在南北战争的时候，而真正成为大家所认知的现代意义上理解的医疗兵，还要等到在此之后的第一次世界大战期间。说起来很有趣，当时的医疗兵部队主要是由两种人组成，一种是真正能够对伤病员进行应急处理的野战医疗人员，另一种则是不愿意成为士兵却又不得不服兵役的人。

第二次世界大战的时候，医疗兵开始接受关于野战应急处理的专门培训，并且逐渐开始负责整个部队关于包括卫生方面在内的各种相关工作。这就要求医疗兵的职责不仅仅是治疗所属部队士兵的伤病，防止传染类疾病的爆发；还要求医疗兵能够对于长时间参加战斗的那些身心俱疲的士兵，从精神层面上进行一些看护及援助，这也就是今天所说的心理治疗和辅导。但是要完成好这样的任务，仅仅依靠体制内的培训是远远不够的，更多的还是要依靠医疗兵本身的个人使命感和一颗善良仁慈的心。

因为医疗兵的专业培训时间一般都比较长，所以大多数医疗兵分配到部队中时都会比一般的士兵年龄大一些。在部队当中，医疗兵不仅仅是部队里的医护人员，有时候还是这些年轻士兵们的牧师，或者是教师。因此，部队里大部分士兵都会直接称医疗兵为“老师（doc）”并加以尊敬。而医疗兵也用他们的专业技能在战场上一次次挽救着兄弟们的生命，一次次回应着士兵们的期待。

医疗兵的战场处境

根据日内瓦公约的追加议定书中的规定，参加欧洲战线的陆军医疗兵被划分为非战斗人员，因此医疗兵一般都不装备武器，也不参加战斗。但是，为了能够及时救助在战斗中受伤的士兵，医疗兵又不得不与一般的士兵一同行动，不得不在弹片横飞的战场一次次义无反顾地扑向叫喊着“doc”或者“medic”（战地军医）的士兵身边。

在这样的情况下，医疗兵的死亡率与一般的士兵基本一致，而对于没有武器装甲保护、同时又要拯救战友的医疗兵来说，其危险程度较之普通士兵又更胜一筹。不仅如此，医疗兵还不得不与一般的士兵一同突入敌阵，并且要来回穿梭于战场，不断地救助战友（有时甚至是敌人）。而且越是士兵受伤倒下越多的高危险冲突区域，就越是医疗兵奋勇向前的场所。

他们仿佛丝毫不畏惧死亡一样，每当看到这种“大无畏”般的情景，战场上的战士都不得不感叹“神佑医疗兵”。在战场上士兵们的眼中，那些赤手空拳在战场中穿梭往来的医疗兵，如神明庇护一般无所畏惧，一定是有神的“不死保佑”才能够如此的英勇。

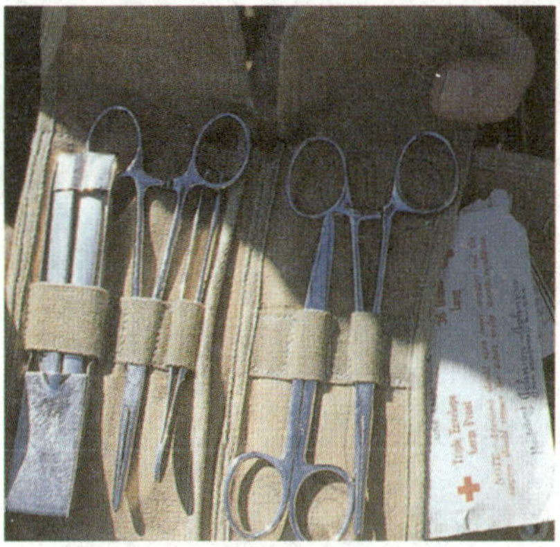

▲——野战手术用套装。
棉质的折叠包里面装有手术刀、钳子、剪刀以及缝合用的针和线，还有止血用的磺胺等物品。对于动脉受损的重伤，医疗兵为了防止伤员失血过多致死，一般都会用剪刀将伤口破开，然后找到动脉，用钳子夹紧进行紧急止血。止血成功后，再用绷带将伤口和钳子一起包裹起来加以固定。

受了怎样的伤，如何进行的处理，使用了什么药物，什么时候，使用了多少，都要一一记录在伤者胸前卡片上，这张卡片可以说是医疗兵临床治疗的完全记录。同时，这张信息卡片对于后方战地医院的军医来说也是宝贵的一手材料。因为，并不是所有的伤员被搬运到战地医院后，都能够详细描述自己的状况，而且有的伤员可能在搬运过程中就失去意识了。此外，在突然有很多伤员被搬运过来的时候，卡片还可以帮助医生来决定救治的先后顺序。

▼——医疗兵正在卡片上登记负伤士兵的情况。

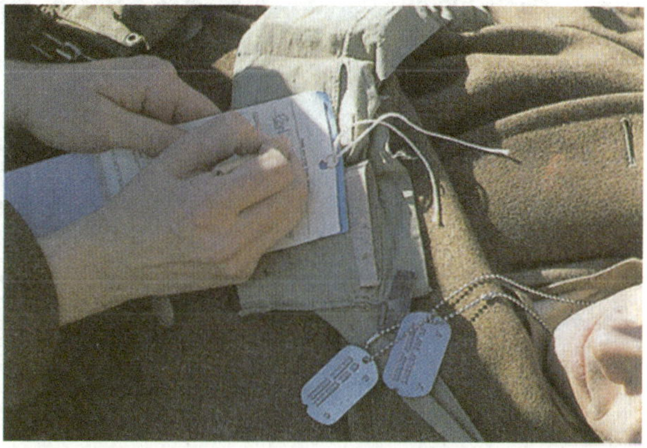

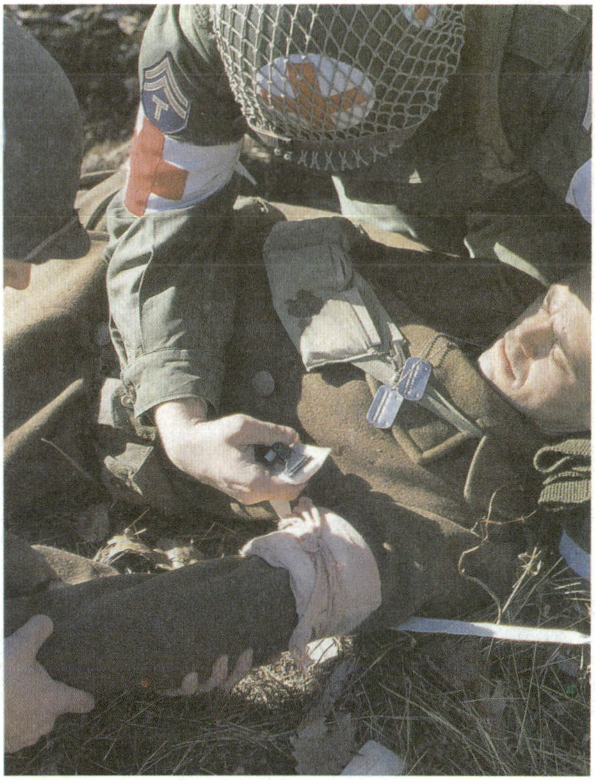

◀正在对左上臂中弹的士兵进行治疗的医疗兵。医疗兵要先从大衣内抽出军牌来确定他的血型以及是否有特殊病史，并且把绷带包扎在大衣外面，这种包扎方法在寒冷的地区经常使用，利用大衣和衬衫的厚度来达到止血的目的。在草地周围还散落着装绷带用的盒子。

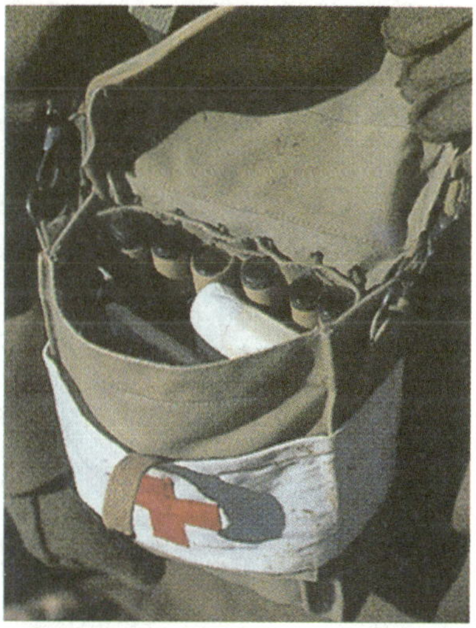

▲——急救包内部

▲——在队列中确认药品的医疗兵。
穿着下士的大衣，除此以外身上只有急救包和简单的工具。

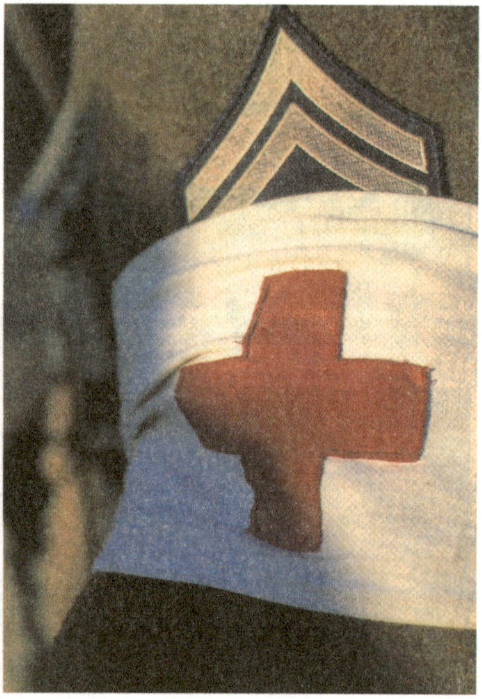

▲——象征着医疗兵的红十字袖章。
这个袖章在大多数国家是通用的，第二次世界大战中无论是德军还是美军都采用红十字。顺便提一下，在中东地带则是使用红色月牙代替了红十字。

▲——正在打开野战罐头的医疗兵，穿着夹克。
在他身边散落的是包装野战粮食的纸盒，一般一盒野战粮食当中要装三包粮食，分别为早餐、午餐和晚餐。

▲——出示身份证件的医疗兵

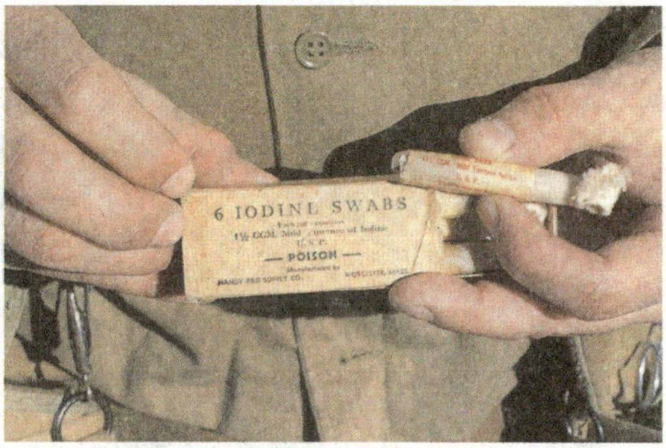

▲一次性消毒棉签。
已涂好消毒药水，只要拿出来就可以直接使用。第二次世界大战中，在美军的医疗套装里，有许多像这样方便的小用具，而给养不利的德军基本上没有这样的东西。

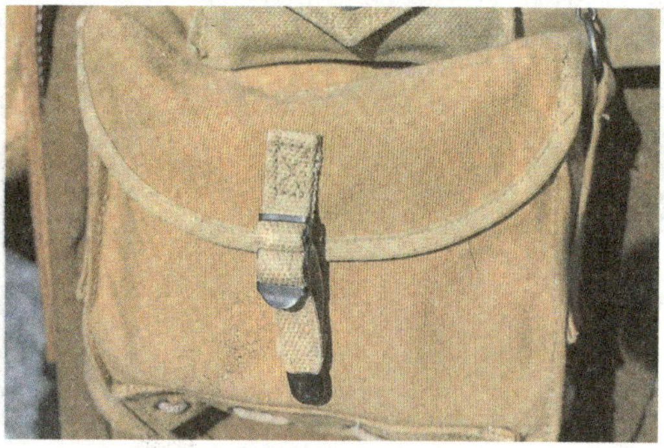

▲医疗包本身体积不大。

左：医疗兵腰间挂了多个水壶，并不是给自己饮用的，而是用来给伤兵喝，或者用来清洗伤口用。除此之外还携带两把匕首，但通常并不装备枪械。
右：日常使用的匕首。一般这种匕首不是制式装备，基本都是自己带到战场上来使用的。

左：1929年开始使用的医疗包，一般每个医疗兵配备两个。在包的后面用了类似手枪套的带子，因此可以挎在腰间。
右：医疗包背带

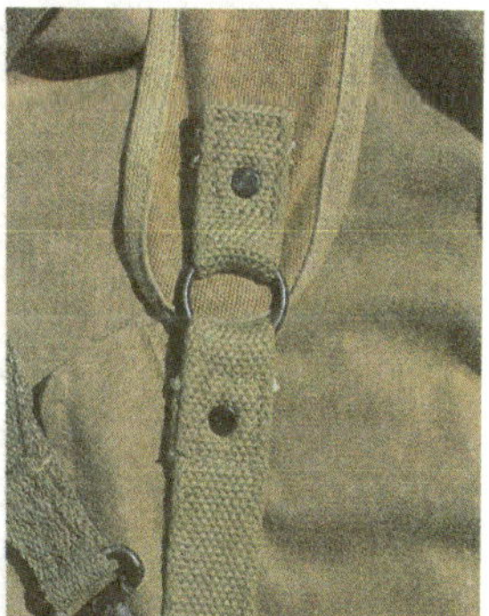

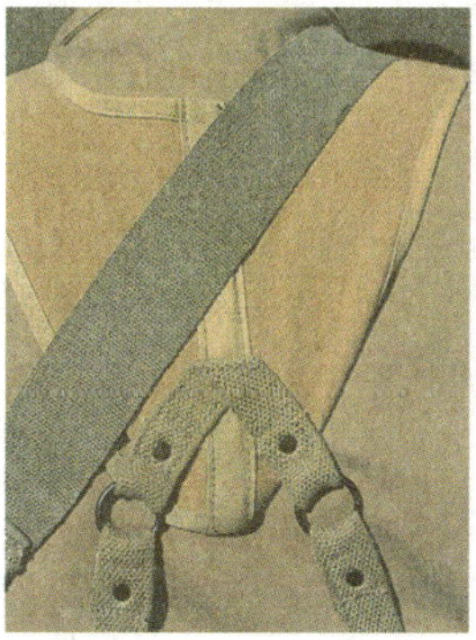

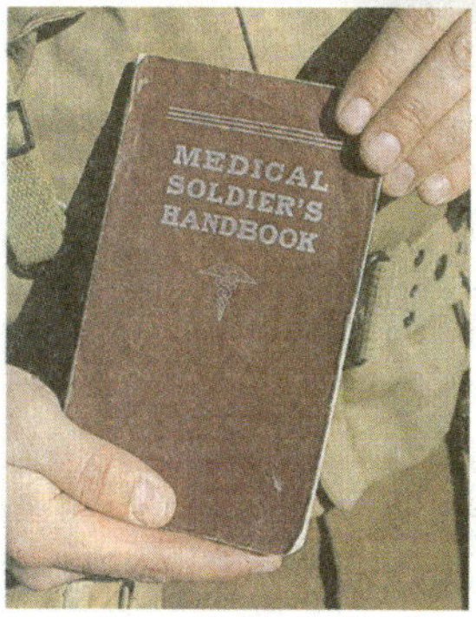

左：分散重量用的背带
右：美国陆军医疗兵手册。原来的手册不便于携带，为了战场使用专门制作出这种小号的手册。

装有海军急救包的大罐头盒

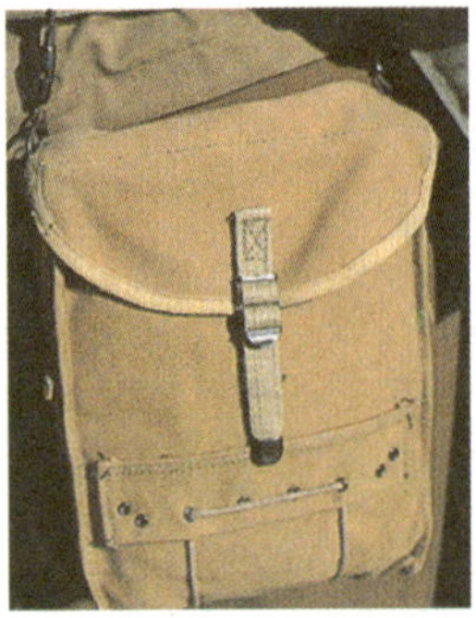

通过调节医疗包的扣带长度，可以调节医疗包的大小。如果需要增加容量的话，只要像图中所示，将扣带松一松就可以了。

另一个医疗包的内部，装有钳子、剪刀等。

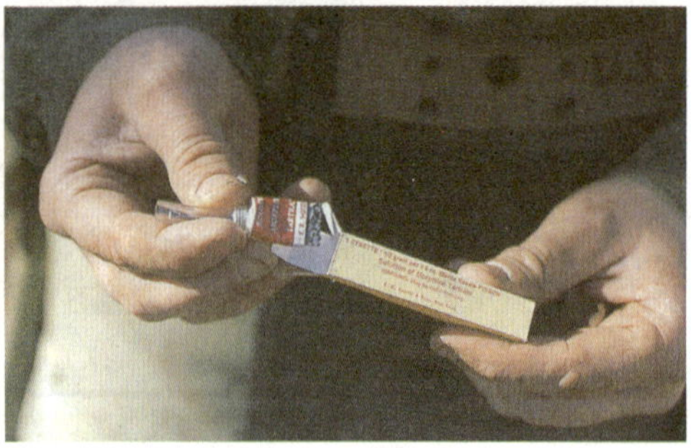

止痛用的一次性吗啡软膏。

这种软膏代替了每次使用都要消毒的注射器，美军一般给所有的士兵都配备这种一次性吗啡软膏。（普通士兵 1 人 1 支，医疗兵 1 人 10 支）。一支软膏当中含有一单位容量的吗啡，对于重伤的士兵可以使用多支。但是，如果使用过多的话，伤者会出现幻觉并且导致心脏机能衰退，甚至还会出现吗啡中毒的情况（类似于毒品上瘾）。

所以在使用的时候必须谨慎。但是，事实上为了挽救处于痛苦中的战友，在战场上大量使用吗啡的情况屡见不鲜。接受过专门培训的士兵都会深知大量使用吗啡的危险性，一般伤员无论怎么哀求，在一定量以上都是不会再继续使用了。但是对于受了致命伤的伤员来讲，会为了让他少受些痛苦而大量使用。

M1910 手斧。

打开扣带之后要向上提才能拿出。对于医疗兵来说手斧十分重要，在森林中可以用来砍柴、做担架等。对于闲置的弹药箱也可以用它来解体后再利用。

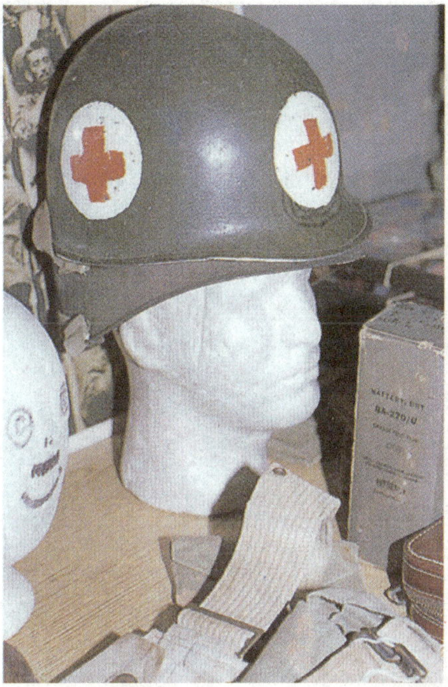

第二次世界大战时期美军医疗兵所使用的头盔

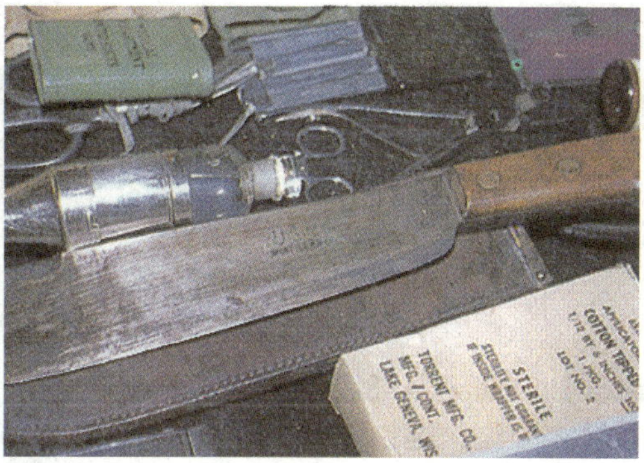

在太平洋战场中深受海军医疗兵所喜爱的柴刀。刀身十分厚重，可以起到与手斧一样的效果，还可以用来劈开灌木开路。但是因为这个柴刀特别重，所以想要挥舞的话需要相当好的力气。因为刀身够重，有时候即使刀口卷了仍然可以用来砍树。根据情况，有的时候还用来给伤员截肢。

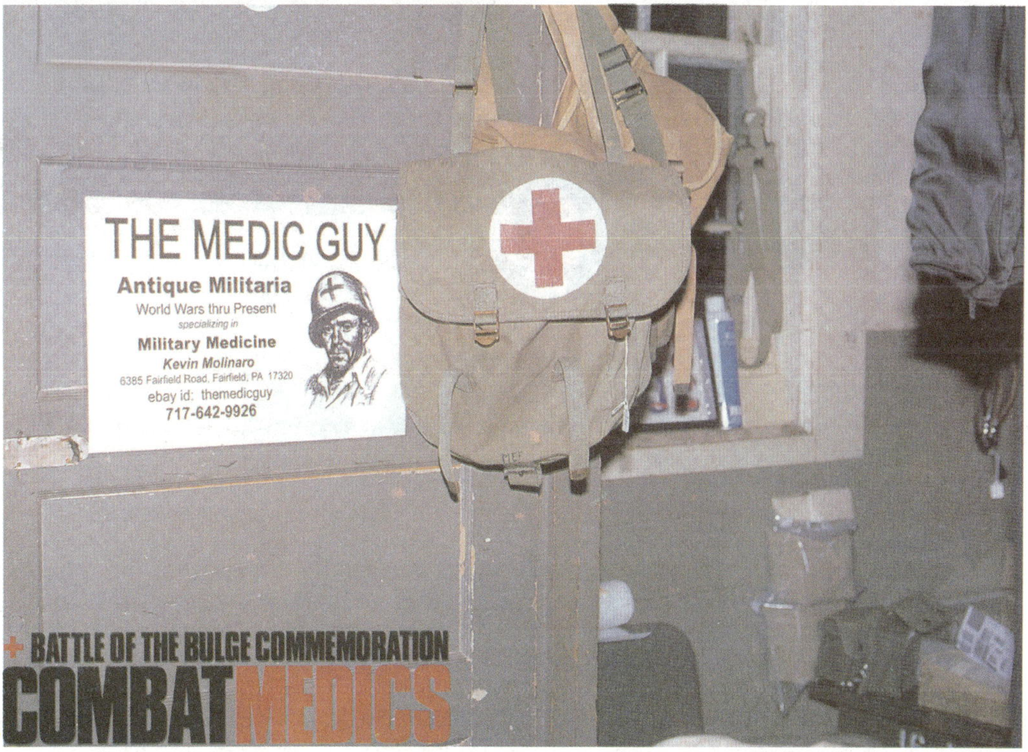

虽然写着“THE MEDIC GUY”，但这其实是一名收藏家兼销售商的家。

手榴弹旁边的纸筒，是用于装治疗骨折的石膏和医用胶带。

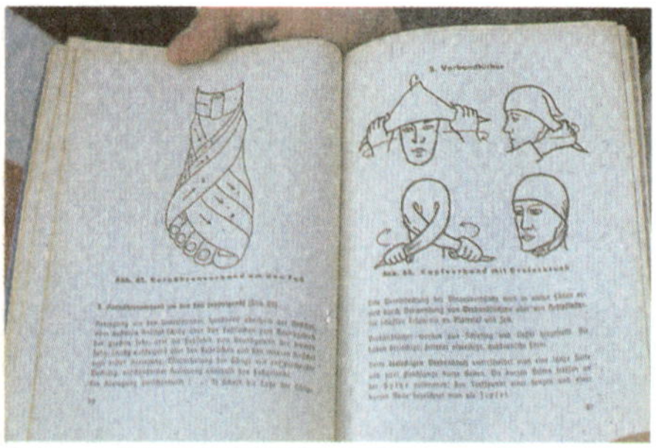

德军医疗兵手册。

在内容上和美军的手册基本相同，但是德军和美军的差距主要是在医药生产能力上。不同于美军，德军的医疗兵手头缺乏吗啡一类的药物。

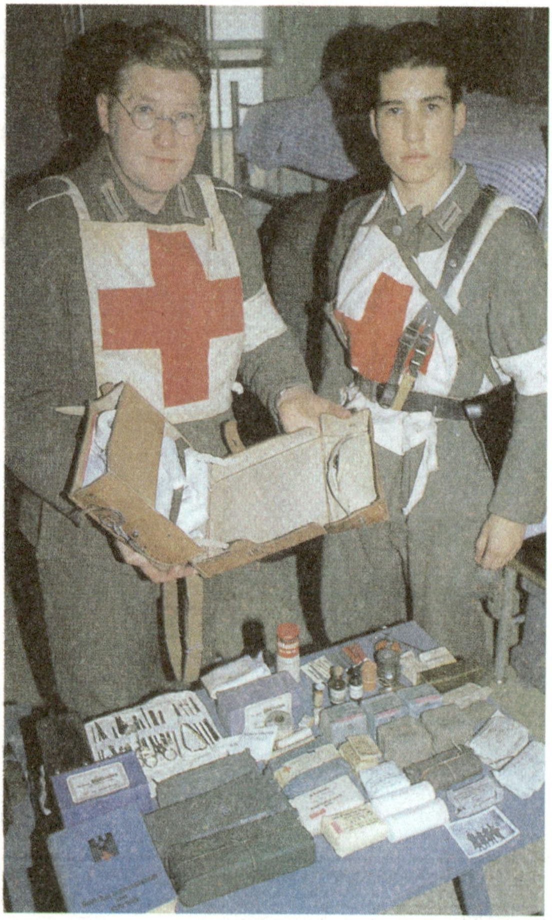

德军医疗兵及其装备。

如图所示，德军医疗兵一般都会穿着一个印有硕大红十字的背心来让别人知道自己是医疗兵。

“凸出部战役”

凸出部战役是第二次世界大战中欧洲战场最著名的战役之一，交战双方是盟军与德军，发生于1944年冬季的比利时。

所谓“凸出部战役”，即为“阿登反击战”（德军称“守望莱茵之战”）。1944年12月8日，西线德军动用60个师（包括精锐的党卫军“帝国师”），在100千米宽的战线上，向英美盟军（主要是美军）发动突然袭击。

美军被打个措手不及，狼狈撤退；德军乘胜扩大战果，竟然打出了一个纵深接近120千米“凸出地域”！德军的战役目标是：占领并控制这个“凸出地域”，在该地域南面和西面采取守势，主要兵力全力向安特卫普突击，力争掐断盟军在欧洲大陆的补给线，从而挽救整个欧洲战场的战局。

但实际上德军在经历了巨大战争消耗后，已没有能力组织起大规模的战役，亦无法扭转战局，只能是苟延残喘。

该次战役给盟军和德军均造成了巨大的伤亡，“凸出部战役”也是第二次世界大战中欧洲战场上一次重要的战役。

重装备 Weapon World 下编

特种部队所使用的重型装备门类同样繁杂，但主要体现在为士兵（作战团队）提供辅助效用的大型（重型）装备，这部分装备明显区别于上一章节中的单兵可以随身携行的装备类。

最为大家所熟悉的当属各种载具。所谓载具，就包括战车、船舶等装备，它们一般会以一个团队的建制予以配备，同时它们承担着所属团队的人员、物资等运输搭载工作。在要求军队与士兵在战场中进行高机动化移动和作战的今天，它们有着超乎想象的作用。

它们因为不直接产生杀伤敌人的效能，所以旁观者们常常会忽略它们的价值，认为它们只是毫无感情色彩的运输或者训练用机器。但只要问问经历过战火的一线战士，他们就会告诉你：这些重装备是他们战场上唯一的“家”，是他们执行任务时无比依赖的“避风港”，也常常是突然交火中的“地堡”、“阵线”、“天堂”或“地狱”！

weapon world

第一章 战车

MRAP 防地雷反伏击车

■谁怕 IED

MRAP（Mine Resistant Ambush Protected Vehicles，防地雷反伏击车）这个字母缩写，在美国所发动的两场反恐战争（伊拉克战争和第二次阿富汗战争）之中，迅速为世人所知，这种装备名称的知名度甚至不亚于 M1A1、UH-60 以及 M16 等美军中的“一线明星”。当然，MRAP 的名声大噪，离不开平素让武装到牙齿的美军战战兢兢的 IED 和 RPG 的攻击与侵扰。

“我们需要一个在战地行动中的安全空间”，这是每个身在前沿一线士兵的共同心声。MRAP 防地雷反伏击车，或者应该准确地说是“将 MRAP 的概念付诸实践”，使得“战地行动中的安全空间”在实战中成为了可能。

不“安全”的悍马

可以这样说，MRAP 的问世与悍马在今日战争当中的不力表现息息相关。在反恐战争的背景之下，恐怖分子手中陈年的“T 型”坦克、缺少零件的二代战机在军力强大的美军面前实在难称威胁，真正让“世界警察”感到寒意阵阵的恐怖杀器，是那些制造工艺简单、隐蔽性强以及具有高杀伤力的 IED。

作为占领方的美军来说，他们在城市中的主要活动形式无外乎巷战、日常巡逻、哨卡安检等，而常规战争中地面步兵以坦克、步兵战车为主要掩护推进的作战方式，在上面的行动中也会受到城市作战空间的限制而得不到良好的效果，由此那些车身装有轻型防护装甲、机动性强、通过能力好并且全车体积相较于传统装甲车要小的车辆才是比较理想的城市作战用车。

20 世纪后期装备美军的悍马，在美国所发动的两场反恐战争中，当作为有空中及地面协同行动的“大兵团”协同作战时，可以很好地完成各种复杂行驶条件下的人员物资运输，甚至是侦察突击等行动。但如果悍马离开了由武装直升机和地面坦克装甲车辆所构成的“大兵团”队列掩护，独自承担起在城市复杂作战环境下的人员运载或者作战平台的话，种种缺陷迅速暴露无遗。

▲ 4×4 的 MRAP

早期的悍马车体并没有安装可以抵御步枪子弹和火箭筒攻击的装甲，美军在索马里摩加迪沙的行动中所使用的悍马就是这种早期型号，从而导致多辆悍马被火箭弹击穿造成人员伤亡的惨剧（影片《黑鹰坠落》中对此情形有所展示）。虽然美军在投入中东作战之前，已经对原有的悍马车辆进行了装甲改装，车体具有了一定对枪弹和火箭弹的防御能力，但同时也带来了由于装甲的增加致使全车重量大幅度提高的问题，这就直接导致全车机动能力明显下降。

最让人感到头疼的是，“平底”底盘结构的悍马对于IED的防御效果实在不能令人满意。特别是当遇到正好在底盘下方的爆炸装置，一旦引爆，爆炸所产生的强大冲击波将会给予“平底”巨大的冲击，这时的悍马不仅会被气流掀翻，车体也会发生严重的扭曲变形，使得车内人员无法在第一时间逃出，燃烧和后继的爆炸都会严重威胁他们的生命安全。况且，采用遥控引爆装置的恐怖分子会埋伏在距离事发地不远的地方，引爆成功后，在确认周围没有美军或者增援在途的情况下，这些武装分子会用尽一切手段来俘获美军战俘，而困在“活棺材”（美国大兵对悍马的代称）中的美军面对这种情况也是无计可施。

很显然，即使经过了装甲升级后的悍马，在面对路上这些形形色色的IED时，也是防不胜防，其抗爆能力也是极其有限的。研制一种新型的、拥有较强防爆、抗爆能力且兼顾机动性的并可以取代原有悍马实用功能的车辆，就成为了美国军方在后来着重实施研发的工程。

“V”形底盘的MRAP

MRAP防地雷反伏击车的诞生，无疑给身在一线的美国大兵带来了福音。经过实战检验，装备了新型MRAP的部队，其车辆在遭受爆炸后所产生的人员伤亡率比以往大为降低，当然，这和MRAP独特的“V”形防爆底盘结构设计是分不开的。

众所周知，对于装甲车辆来说，全车装甲防护力度最强的部位是车辆的正面，侧面、后面次之，底部是其最薄弱的环节。为了有效地增加车辆底部的抗爆能力，MRAP一改传统运输装载车辆所采用的“平底”底盘设计，而是采用了独特的“V”形底盘设计。

如上文所说，“平底”悍马在遭遇车底爆炸物的爆炸冲击波后，车辆会被掀翻，并同时造成车辆的变形损毁。而MRAP的“V”形车底，简单地说就是在车底设置了“泄洪通道”。当爆炸物引爆之后，夹杂着破片的冲击波会沿着“V”形“泄洪通道”两侧排出，减少了车辆底部直接受到冲击波冲击的正面面积，这样车辆的损坏就降到了一个较低的程度。

根据资料显示，MRAP可以抵御距车体侧面两米远、TNT当量在23千克的侧向爆炸。而对于车底防爆来说，其也可以抵御7千克左右的TNT爆炸量。另外，为了加强MRAP车体抵御RPG火箭弹的能力，其车体侧面还加装了“栅栏装甲”以及附加装甲。

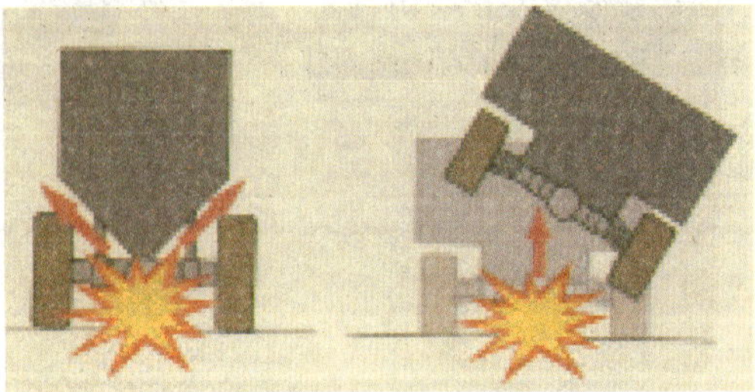
舟形（V形）底盘　　平形底盘

“V”形底盘相对于“平底”底盘来说，可以起到良好的分流爆炸冲击波的效果。

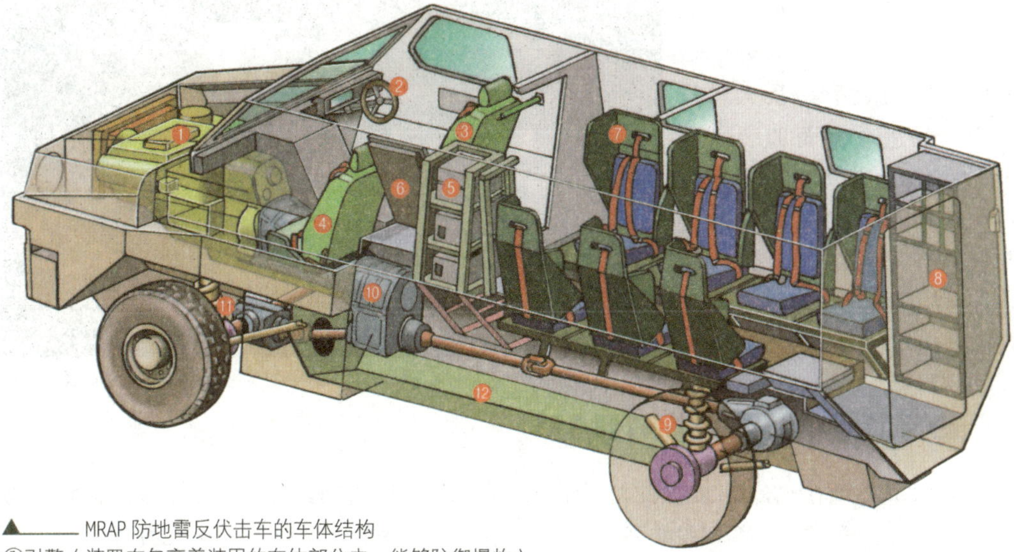

▲—— MRAP 防地雷反伏击车的车体结构
①引擎（装置在包裹着装甲的车体部分中，能够防御爆炸）
②转向系统及驾驶装置
③驾驶座椅（座椅本身具有防弹功能）
④副驾驶座椅（同样具有防弹功能）
⑤空调装置（具有耐核武器、生化武器和化学武器功能）
⑥无线电器材
⑦兵员座椅（每个座椅都有装甲板防护，配有 4 点式安全带，因此即使车辆因爆炸翻转仍能保证人员安全）
⑧装备架
⑨后部驱动装置（由差速齿轮、制动器、避震器等部分构成）
⑩传动装置（将变速器的动力提供给前后轮，从而实现四轮驱动）
⑪前部驱动装置及转向助力装置
⑫车体下部装甲（保护驱动系统免受爆炸袭击）

缺陷仍存

不可否认的是，MRAP 系列车辆虽然在抵御爆炸物的能力上比以往有了很大程度的提高，但随着近期媒体报道该系车辆在战场之上频遭“重创”，MRAP 存在的缺陷也浮出水面。

▲—— MRAP 防地雷反伏击车的右侧舱门

车身过高，隐蔽性能差。由于 MRAP 采用了“V”形底盘的设计，而且为了在这种设计之上最大程度提高车载人员在车辆遭遇爆炸物袭击时的生存力，车辆内部座椅也采用了“悬置”设计，这样一来，车身高度整体提高就在所难免。过高的车身势必会丧失良好的隐蔽性，并且重心也过高，在急转弯或通过不平整路面时，容易发生侧翻事故。

另外，该系车辆对车身四周的防护略显不足。虽然其为了可以更好地抵御来自车身四周的火箭弹及大口径机枪弹的进攻，而加装了一些“栅栏装甲”等附加装甲，但这种形式只是暂时的解决方案，并不能从根本上解决机动性和防护力之间“此消彼长”的问题。

MRAP 防地雷反伏击车的的后部载员舱

不同作战用途的 MRAP

美国军方现在已经列装各种型号的 MRAP 车辆过万，且还持续向各生产厂商发出增加生产的订单，从美军现役装备的 MRAP 系列车辆来看，大体有如下几种类型：

MRUV：防地雷多用途车。多为 4×4 底盘，搭载 6 ~ 8 人，可作为人员运载、侦察之用。其代表性的型号有南非生产的 RG-31、RG-33，以及美国部队防务公司生产的 Cougar 型 4×4 底盘防雷车“美洲狮”。

美国部队防务公司的 4×4 底盘 MRUV

JERRV：多用途爆炸物快速处理车。6×6 底盘为主，可搭载 10 人左右，装甲防护能力强于 MRUV，可担负多种作战用途，但更多是作为配合工兵处理爆炸物使用。主要型号有南非 6×6 的 RG-33L 以及美国部队防务公司的 6×6 底盘 Cougar。

6×6 的 JERRV

MPCV：扫雷清障车。标志性的“大型遥控工程臂”，可处理爆炸物及清除道路障碍，底盘以 6×6 为主。该车是整个 MRAP 家族当中名气最大的车型，影片《变形金刚》中就有它的身影，那就是霸天虎成员“碎骨魔”，代表产品为美国部队防务公司的 BUFFALO“野牛”。

《变形金刚》中霸天虎成员“碎骨魔”的变形原型就是“野牛”。

weapon world

第二章 船舶

特种作战船舶

■纵横四海

为了顺应当下反恐的需要，以美国为首的各国，相继开发出了作为特种部队作战支援用的专用船舶。由此，特种部队使用的舟艇数量开始增加，而这些舰艇一般用在沿岸海域或是临近海岸的内陆河流，有其相对海军常规舰艇来说更加独特的构造和用途。

使用背景

对于利用海、陆、空等各种环境展开作战的特种部队来说，舰艇是水上作战支援的重要装备。虽说如此，能将专用舰艇装备完善化的恐怕只有资金雄厚的美军，而他国现在仍然采用将现用舟艇和船舶改良后的船只。

说到美国海军的特种部队所用的舟艇，不得不提到为海豹等特种部队提供支援用的特种船舶，它们的任务是支援特种部队在海上完成潜入、回收和补给等任务。

另一方面，内河舟艇部队在执行河流巡逻和战斗任务时，专用船舶更是必不可少。他们驾驶着小型舟艇在伊拉克的内河水域执行以巡逻、阻断恐怖分子水陆交通为目的的任务。为了能够更好地完成任务，他们于 2004 年配用了 SURC（小队用内河舟艇）来投入作战。

由此可以看出，美国海军（实际上不只是美国海军，各国海军都包括）开始将作战对象转向沿岸海域。究其原因，是因为冷战的结束使曾经设想的两大国大型舰艇海上对决的可能性消失。但同时，地区纷争和恐怖袭击却开始频发，而且世界上的人口有 70% 居住在距海岸线较近的陆地，如果说恐怖分子有所行动的话，必定会集中到这一地域。

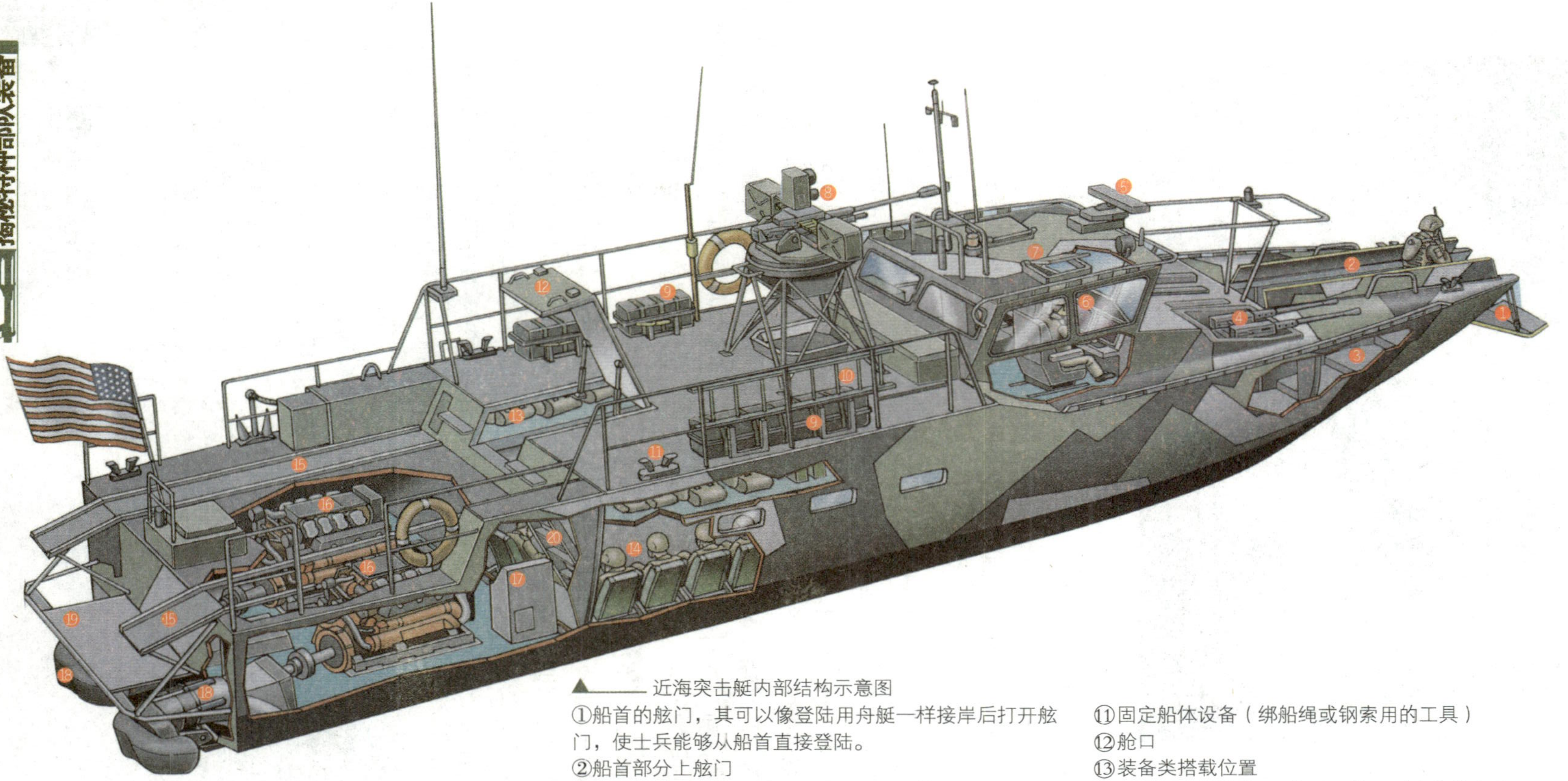

▲近海突击艇内部结构示意图

①船首的舷门，其可以像登陆用舟艇一样接岸后打开舷门，使士兵能够从船首直接登陆。
②船首部分上舷门
③船头部分下水滑道（在船头内部呈阶梯状）
④搭载武器位置，可安装双联装 M2 机枪。
⑤航海雷达
⑥船桥控制室
⑦船桥上部舱口
⑧船体中央部武装搭载用船桅
⑨救生艇箱
⑩梯子
⑪固定船体设备（绑船绳或钢索用的工具）
⑫舱口
⑬装备类搭载位置
⑭舱室，可以搭载 20 名以上的全副武装的士兵。
⑮CRRC 运用导轨及运用区域（CRRC：将突击用充气船导入水面或从水中进行回收时所用的导轨设备，位于机械室的上部）
⑯SCANIA D116 Marine 发动机（2 台）
⑰控制台
⑱喷水式推进系统（2 台）
⑲后部舷门
⑳舱室升降梯

典型代表

RCB 的船首

美国海军在沿岸或内河水域活动的部队，使用的都是吃水线浅且能够高速航行的小型船舶，如 SOC Mk.5 高速艇（海豹使用的是高机动性、可以在执行对可疑船只搜查并进行抓捕行动时使用的高速艇，其时速高达 50 海里，并能够运送 16 名海豹队员）。

另外，还有高速充气船 NSW RIB，其在海豹队员所使用的充气船中是最大的。它能以 40 千米 / 时的高速航行，且能运载一个分队的作战单位。像 Mk.3 Sea Spector（铝制船体的巡逻艇），也是较为有名的型号。

2007 年，美国海军 NECO（Navy Expeditionary Combat Command，海军派遣战斗司令部）购入了两艘 CB90（Combat Boat 90）作为试验艇运用。CB90 是美国的 SAFE 造船公司接受海军的委托，与瑞典的 Dockstavarve 公司签订特许合约而作为 RCB（Riverine Command Boat，内河指挥艇）被生产出的小型船舶。

RCB 是指自身执行特种作战组任务的同时，对参加作战的船舶进行指挥协调的舰艇。原本 CB90 为铝制，船体全长 14.9 米，宽 3.6 米。在沿岸海域和内河运用时，其吃水很浅，最高时速能达到 43 海里。船体（特别是船首）建造得非常结实，可以做到像登陆用舟艇那样“冲击”浅滩，还可以执行突击或巡逻任务，甚至是救护任务等多种用途，因此全世界有很多国家都在使用。同时，这艘船的船体上有 6 处武器搭载位置，而且还能搭载可遥控操纵的机枪和机炮，这也是它的一个卖点。

另外，SAFE 公司在建造这艘船时导入了最新技术，船桥也采用了最新型船舶常见的综合船桥系统。该系统可以将船舶的实时位置坐标、航线设定、气象信息以及船内各部分的情况等分类信息，通过电脑加以控制。而所有上述的这些信息最终被汇总显示到船桥内的显示屏上，以供驾驶员参考和使用。

CB90 在被美国购入之前，就有 240 艘以上在希腊、马来西亚等各国的海军和警察部队中服役。美国海军主要用它来执行巡逻、突击、特种部队支援任务以及对执行这些任务的小型船只的指挥和协调。

weapon world

第三章 训练

EST2000射击模拟训练系统

■提升枪法的虚拟战场

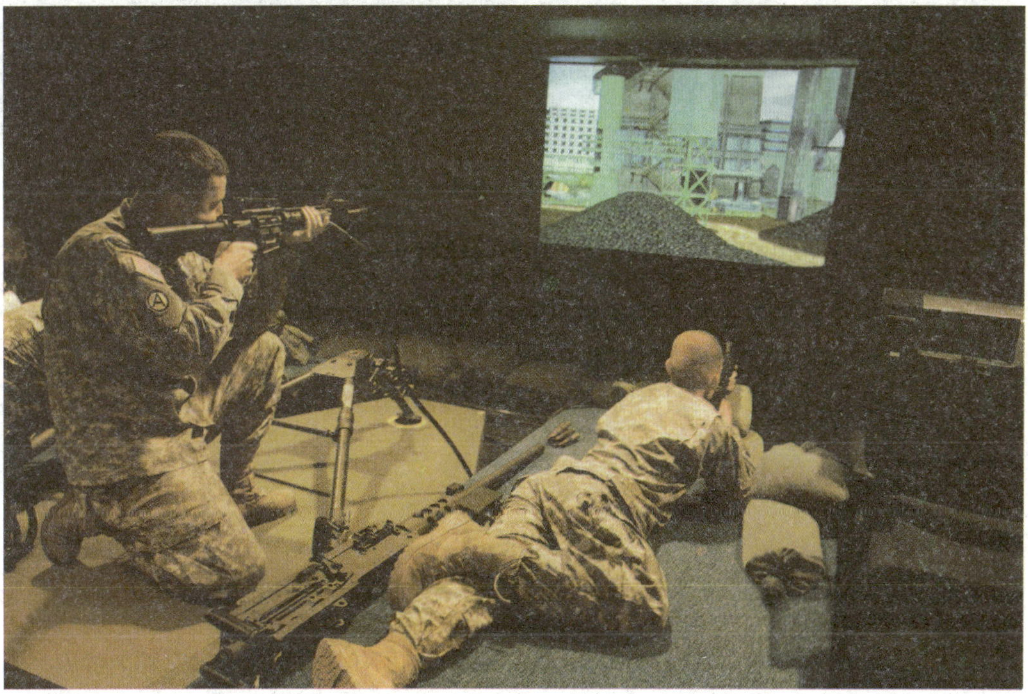

在传统的射击训练场上进行实弹射击训练时往往会出现各种难以掌控的意外状况，为了避免类似状况的发生，从若干年前人们就已经开始着手研制基于计算机图形学（Computer Graphics，简称CG）进行训练的射击模拟系统，并希望借此来在一定程度上取代实弹射击训练。

这里将为大家介绍的就是美军现役EST2000射击模拟训练系统。这套训练系统可以模拟各种战斗状况、还原枪械射击时的后坐，而其最大的特点是EST2000中的整套配置设备都是可移动的。

实战型射击模拟系统 EST2000

为了尽可能提升士兵们整体的轻武器操控技术，美国陆军引入了射击模拟系统，这样一来，除了满足一线战士的训练需求之外，还很好地解决了以前后方部队野外实弹射击训练不足的问题。美国陆军采用的射击模拟训练系统就是拥有优良精度与最先进图形处理软件的EST2000射击模拟训练系统（以下简称EST2000）。

利用CG在屏幕上再现各种富于变化的野外射击环境，当然也可以设置成像下图那样的普通靶场射击环境。

EST2000的开发、制作、设置运用等方面都是由美国三维模拟系统公司（CUBIC Simulation Systems）负责的，该公司还是对飞机、战斗用车辆等各种模拟操控训练系统进行研发的美国防卫业务拓展企业。

为了提高士兵们的实战射击与面对复杂状况时的应对技能，设计者在以往开发平台的基础上，结合最新经验与战场报告等资料，在EST2000中增设了各种状况下的战斗局面和射击模拟。

另外，EST2000几乎囊括了美国陆军所有的步兵用轻武器，其目的就是为了使美军仅通过使用EST2000这一套系统，就可以完成对各种现役枪械的射击与操控训练。这其中EST2000所配用的轻武器道具不仅重量和平衡性都与真实枪械实物相同，而且道具枪还能利用压缩气体来再现射击时所产生的后坐力，整个射击模拟训练过程更加真实自然。

EST2000既然是一套以训练各种射击技术为主要目的的模拟系统，那么其中最引人关注的自然是"命中辨别系统"，其主要工作方式是利用在士兵扣动扳机的同时，从轻武器（道具枪）中发射出的激光束命中屏幕，来体现系统的"命中辨别"效果。控制整个"命中辨别系统"的电脑可以实时记录当前士兵的射击结果，以及自动与之前的射击进行比对，并将其最终结果投影在大屏幕上，以便士兵能及时修正弹道、体会武器性能、迅速提高训练成绩。因此对于利用EST2000进行射击训练的士兵们而言，该模拟系统的确是高效便利；而美国政府和军队后勤部门则更加高兴，因为省去了大笔的军费开支和弹药补给工作。

标准的EST2000是以电脑系统为基础连接平台，整合相连了教官用控制指挥台、高分辨率投影机、射击检测系统、空气压缩机等部件，每次可供5～15名士兵同场进行使用。

EST2000还有一个值得称道的优点，那就是其在实际使用、异地转移以及各种射击方式和内容的设定等方面都很简单易用，也就是说EST2000操作简便、容易上手。整个内部系统采用组合式连接方式，即使人们在只有一个集装箱大小的空间内也可以对其全套内部设备进行拆分、连接；同时为配给美军驻海外部队的使用，特别设计可方便拆分、组合的外部框架结构，使得整套系统的可转移性非常好。另外，如果在电力供给能力有限的地区使用的话，士兵们还可以利用该系统自带的发电功能来实现射击模拟训练。

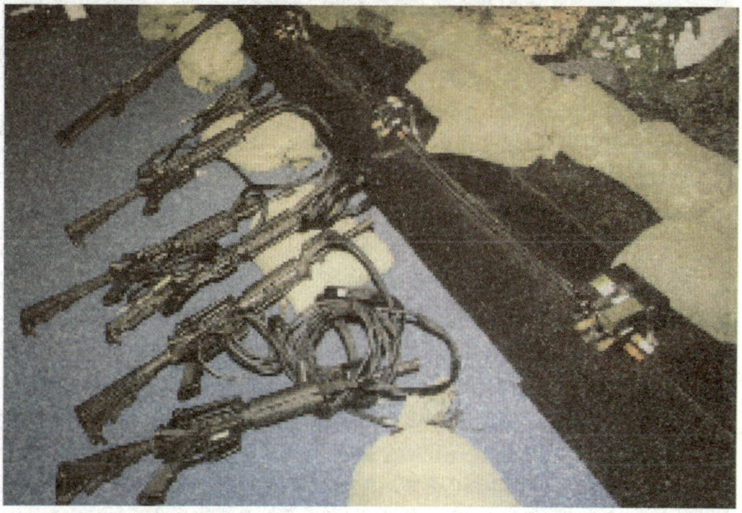

在射击位处并排放着的 M4 系列卡宾枪道具，在沙袋前面是用来连接 EST2000 主体部件的连接盒。

EST2000 中所配用的枪械

M4 系列卡宾枪

众所周知，M4 系列卡宾枪是阿玛莱特（ArmaLite）公司在 M16 系列自动步枪的基础上改进而成的卡宾枪，其系列中的 M4A1 卡宾枪更是现役美军的当家武器，围绕该系列枪械衍生出各种配件、辅助装置以及相关枪型。EST2000 中所配用的 M4 系列道具枪外观与普通的 M4 系列卡宾枪没什么两样，重量、平衡性等指标也基本相同。虽然乍看起来很像仿真枪，但实际上其各种操作方式与真枪完全一样。

M4 系列道具枪与 M4 系列卡宾枪有两大明显区别：一是在枪管上方（准星基座前方）安装有激光发射装置；二是护木的前端下方连接有电缆线，这条显眼的电缆线将道具枪与 EST2000 的电脑系统连为一体。为了再现子弹射出后的枪械后坐力，这条电缆线内还集成了一条连接空气压缩机的输气管。如此一来，在使用 EST2000 进行模拟射击时，就能相当完美地体验真实射击感受，枪械的重量、平衡性、射击后坐力、枪声等都可以真实还原。

M2 机枪

20 世纪 30 年代，美军采用了一款口径为 12.7 毫米的重机枪——勃朗宁 M2 机枪。后来随着第二次世界大战的爆发和蔓延，该枪逐渐被世界很多国家的军队使用，到如今它仍然是被应用在第一线的优秀机枪。通过影视、网络等渠道，我们也经常能看到在阿富汗作战的美军将 M2 机枪作为车载机枪和阵地防御用机枪在大量使用，而现在这款被广大美国士兵们所熟悉的 M2 机枪也被改造成 EST2000 用枪械，配合射击模拟训练。

其与 M4 系列道具枪大同小异，在位于 M2 机枪道具的枪管上方、散热套筒前面也有激光发射装备，而枪管的下方则为安装输气管和连接电脑用电缆的集成盒。

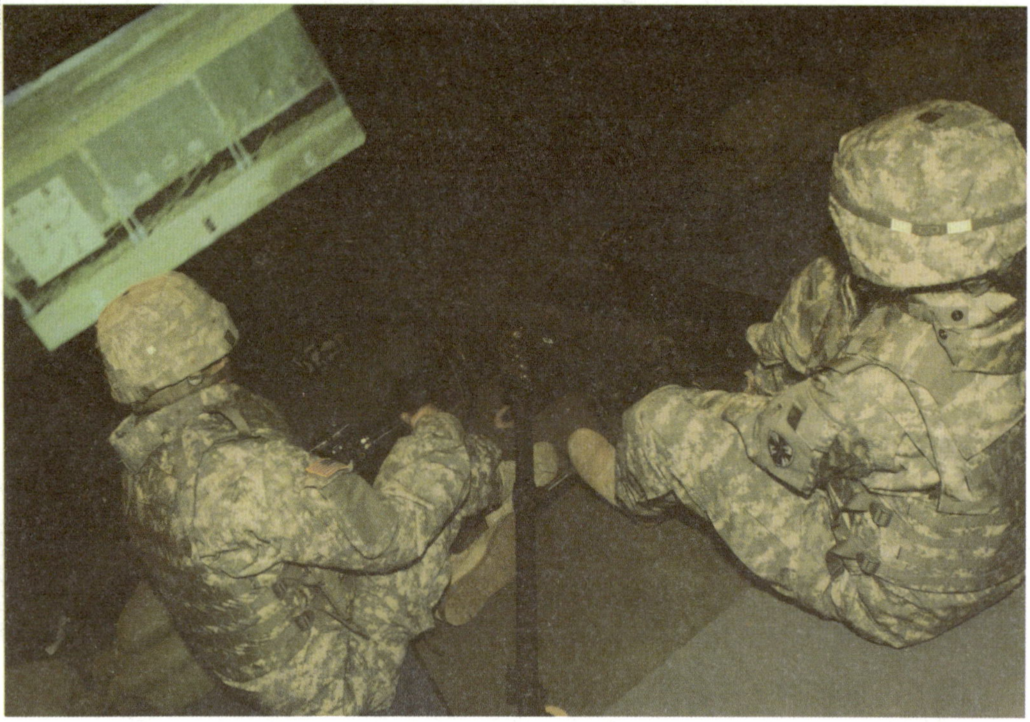

把 M2 机枪道具安装在三脚架上进行射击，此时屏幕上显示的是标准射击靶场模式。

Mk. 19 自动榴弹发射器

Mk.19 是采用弹链供弹方式的自动榴弹发射器（榴弹发射机枪），如此大型的武器在 EST2000 中也可以进行射击模拟训练，这的确是一件让人激动的事。

Mk.19 自动榴弹发射器与 M203 枪挂榴弹发射器口径相同，都是发射 40 毫米榴弹，其最大有效射程为 2200 米，射速为每分钟 300 ~ 400 发。

可以说 Mk.19 榴弹发射器是目前美军最大型的步兵用武器，而在射击模拟训练中使用的 Mk.19 自动榴弹发射器道具的大部分其实是由真枪零件构成的。同时其也和 M2 机枪道具一样，采用搭载到三脚架上进行射击的常规方式操控。

Mk.19 自动榴弹发射器道具。在射击模拟训练中，该枪采用专用脚架，该脚架也可以用于搭载 M2 机枪道具。

EST2000 射击模拟系统中的射击教官用控制指挥台，在这个控制台上可以对射击模拟的形式等内容进行设定、评价。

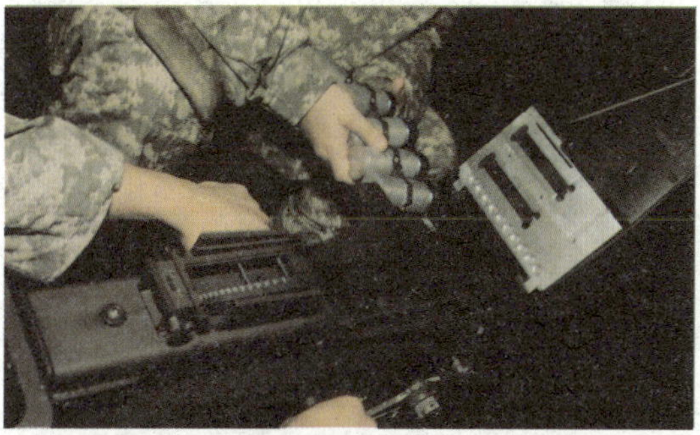

Mk.19 自动榴弹发射器是采用弹链方式供弹，发射 40 毫米榴弹。在道具武器中真实还原了这些操作方式，这和操作真实武器没有什么不同。

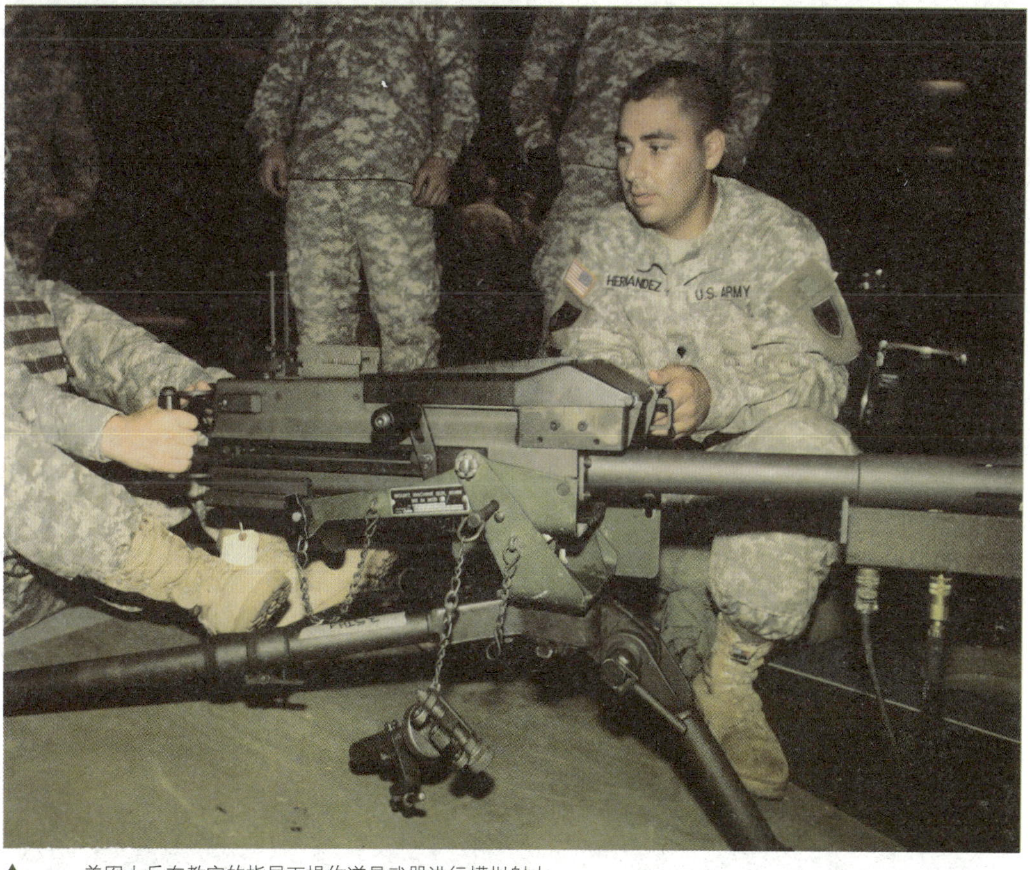

美军士兵在教官的指导下操作道具武器进行模拟射击。
在 Mk.19 榴弹发射器道具的枪管下方，我们可以看到用来输送压缩空气和射击信号的集成连接盒。

使用 M4 系列卡宾枪道具射击之后，经过电脑数字化处理，士兵们的射击结果立刻就会呈现在屏幕上，随后会有教官对其进行点评。

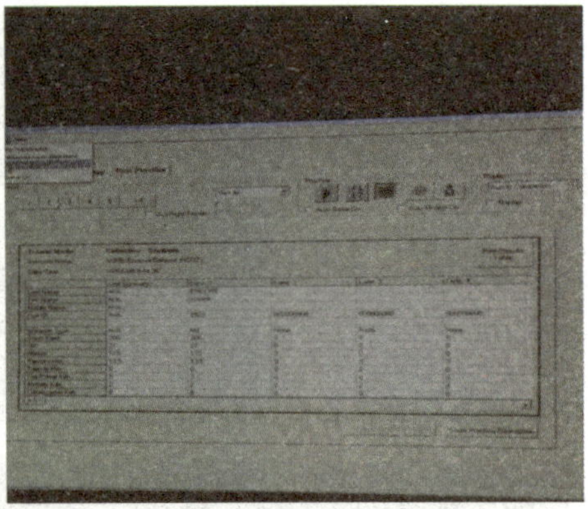

教官点评的内容包括：士兵个人过去的射击记录、其所属部队的平均得分情况等方面。并进行现场比较和评价讲解，这对于提高受训士兵的射击技能有很好的促进作用。

▲EST2000 射击模拟系统的外部框架结构。
全套内外部设备拆分后，大约需要 5 个标准的海运集装箱，由于拆分、重新搭建非常容易，所以美军驻海外部队也可以运抵其驻地使用。

附录 Weapon World

装备应用技巧

阅读过前面的章节后，相信读者对特种部队已经有了更加深刻的认识，但同时可能也会感觉意犹未尽，毕竟这些装备离读者还是有较远的距离，为此特别安排了“附录”的内容。在这里，可以学习到一些服装类装备的搭配使用，同时还可以学习到一些专业的控制枪械和射击的方法，这些基本的装备应用的战术动作，不仅是特种部队士兵的基本功，更是被用于越来越多的普通军警教学中。

特种部队士兵能够成为“蝙蝠侠”或是“钢铁侠”，除了高精尖的装备加身之外，各项扎实的基本功训练更是必不可少！所有装备都只有一个目的与宗旨，那就是为它的使用者提供最大化的帮助！而人本身，才是这一切的重中之重！

weapon world

枪械射击培训中的个人装备

不论干什么工作、做什么事情，都离不开相关的装备辅助。但一提到军事装备，可能首先让人想到的是世界各国正规军警和特战组织的战士们所使用的相关装备，但其实越来越多的国内民间的军事爱好者和国外枪械射击爱好者，都开始关注自己的装备。

而直接选用“正规部队”的装备是再省事不过的事情了，同时民间爱好者们还有一个在装备选择上比“正规部队”更有优势的地方，那就是随意性和个性化！这些活跃在各种军事及射击培训课程中的民间爱好者们，会在参训过程中穿着及佩戴绝不逊于“正规部队”却又特立独行、充满前卫时尚感的最新装备——每个人都可以根据自己不同的习惯、爱好和特点自行装备！

SETUP Ver.1

一般来讲，在欧美等国家，如果想要提高射击技术的话，无论是军方相关人员、司法相关人员，还是PMC公司（安全承包商）职员，无一例外都需要去专业的枪械培训学校进行学习。

在枪械培训学校，他们将接受众多非常系统的课程培训：从持枪方法到射击时的站姿，每一个细节都会学习到。这对于总是要在危险环境下执勤的人来说，是十分可靠的一套训练课程。受训者使用的枪械以及其他装备，一般都是他们根据自己的使用习惯而自行购买的。实际上，校方也要求大家使用自己在实际工作中会使用到的装备，来参加各种培训。

SETUP Ver.1是以5.11 VTAC战术背心系统为主、再现M4A1射击训练时的一套装备。最近比较流行小型的，且容易快速拿取装备的战术背心。这套装备，是在5.11 VTAC战术背心上装备了军用的5.11 VTAC Stacked double Mag pouch；裤子穿的是EOTAC Discreet Denim Pant（Style 205）；腰带是diamond back · assaulter belt，并且在上面装备上了相关工具包diamond back · single open top Mag pouch、5.11 · drop pouch以及5.11 · VTAC6.6pouch，是一种面向实战的装备。

①

②

③

①5.11 VTAC战术背心是一款十分方便携带且机动性强的小型战术背心，穿夹克的时候也不会显得很臃肿。
②diamond back · single open弹匣包可以相互连接，从而能够加快换弹匣的速度。
③5.11drop包在使用时开口很大，可以放置弹匣等一些物品。

SETUP Ver.2

M4A1 作为美军的制式装备，因为其在实战中出镜率很高，且拥有很高的知名度，所以为许多参加培训的爱好者所喜爱。但是，对于一些经常在中东一带执行任务的 PMC 来讲，他们最喜爱的主流武器是在当地更容易购买的 AK 系列。

为了在去中东之前，对 AK 系列枪械的射击和保养方法有个了解，现在在全美各地，都在积极开展关于使用 AK 系列的课程。一些 PMC 和军队人员在这里学习关于 AK 的射击方法，以及和 AK 相关的 CQB 技术。

SETUP Ver.2 是以 AK“Krinkov”（短突）为主要概念来进行装备：上身穿的是 WOOLRICH élite（精英）tactical Polo 衫；下身的 T.A.D Gear Force 10 cargo Utility pants 则可以有效地提高灵活性。虽然看上去十分朴素，但是在实战的时候却可以发挥出很理想的战斗力。

Black Hawk（黑鹰）腰带可以调整宽度。CQC（近身格斗）枪套为 M1911A1 专用款，可以牢固地固定住枪。

弹匣包十分方便好用。Diamond back · dump pouch 和 belt mount 工具包对应地挂在腰带上。

SETUP Ver.3

对于实战来讲，装备的选择尤为重要。很多军用装备生产商都开发出种类繁多的战术上衣和裤子，来供应有不同需求的人们使用。而在这当中，深受大众所喜爱的是“EOTAC”的装备。这个厂商在开发产品的时候，总是邀请很多有丰富实战经验的老兵来做自己的生产顾问，提供各种实用的意见。从设计到制作生产，每个环节从不偷工减料，在业内享有良好的声誉。

SETUP Ver.3 主要是以 EOTAC 为主的一身装备：上衣为 EOTAC Zip-Up Short-Sleeve Shirt（201 款），前面口袋的纽扣使用的是粘贴纽扣，可以实现便捷的快速开合；采用羊毛制成的裤子是 EOTAC 公司的 Operator Pant（201 款），在设计上同样十分实用。Vickers Tactical 枪带则采用了最新的设计，可以十分方便地随时调节枪带的长短。

EOTAC Zip-Up Short-Sleeve Shirt（201 款）
采用拉锁开闭方式，口袋的纽扣都是粘贴纽扣。

原为三角洲特种部队队员设计的 expert 手套，使用的材料为 Nomex 绝缘材料。

Vickers Tactical 枪带可以通过简单的拉拽来调整长度。

Arc' teryx公司的Leaf Combat夹克的左右大臂上可以贴一些臂章，重量较轻，比较适合春秋穿。

Volk Tactical Gear・VOLK 2-WAY BUNGEE SLING枪带可以实现快速分离，而且还可以从单点式枪带变为两点式枪带。

SETUP Ver.4

现在欧美的一些军品生产厂商正在开发一种新的soft shell jacke（软壳夹克），这种新的夹克尤其强调其透气性和功能的多样性，希望能够最大限度发挥这种装备的功能。

SETUP Ver.4主要是从一个枪械教练的角度来进行搭配：Arc' teryx公司的Leaf Combat夹克和EOTAC Discreet Denim Pant（205款）的组合。这款装备比较重视功能性，腰带上围的是Blade Tech・P226枪套和P226用双弹匣包，此外还有M4用的弹匣包，Blade Tech公司开发的这几款弹匣包可以实现快速更换子弹。枪带使用的是Volk Tactical Gear・VOLK 2-WAY BUNGEE SLING——整体装备十分适合训练。

weapon world

快速拔枪和换弹匣的技巧

特战人员（军、警、安全承包商、保安等）不论在什么时候，都有可能遭遇始料不及的攻击与危险，其中敌人近距离的持枪攻击是最容易造成伤亡的。当面对此类状况时，除了不同人员自身迥异的反应速度和应变能力外，也是检验他们平时训练时对战术技巧是否掌握得好的一个关键时刻！

古话说：两强相遇，勇者胜！但而今除了必要的勇气之外，各自的装备差异以及对装备的使用技巧与熟练程度都在很大程度上影响着胜负，有时候甚至是瞬间决定生死！而作为枪手最基本装备的枪套和弹匣套看似不起眼，却决定着使用者出枪和更换弹匣的速度。

枪套的种类

枪套是用来携带和收纳手枪用的工具，大致分为5种：胯部枪套、腿挂式战术枪套、模块化枪套、双肩腋下枪套及腰包式枪套，最常见的就是佩戴在腰上的胯部枪套。枪套中有为了防止枪从枪套中滑落而配有锁定装置，还有能够通过更换附件改变佩戴位置的品种。在选择枪套时，不仅要考虑和自己的枪是否相配，还要考虑是否符合使用目的和习惯。

●胯部枪套

胯部枪套的代表——单手快拔式。这种枪套是通过将腰带穿过枪套内侧的带扣来固定的。

加尔科公司出品的 Yaaui Slide 枪套（左）与常规枪套（右）对比，可以看出体积很小。因为这种枪套能够紧贴着身体，因此即便穿着单薄衬衫携带枪时也不容易被发现。

●腿挂式战术枪套

Blade Tech 的腿挂式战术枪套

从名称上就可以看出，这款枪套是用来佩戴在大腿上的。因为佩戴位置较普通快拔式低，因此适合在佩戴了战术腰带或防弹衣时使用。

模块化枪套

模块化枪套能够直接佩戴在装备 MOLLE/PALS 系统的战术背心、防弹衣、皮带上。里侧还配有与 MOLLE/PALS 系统相对应的吊带，其上还可以外挂弹匣包。

双肩腋下枪套

双肩腋下枪套是利用背带将枪械佩戴在腋下。图中为 Galco 的 Miami Classic 型枪套，右侧为枪套，左侧为双弹匣包（惯用手为右手的情况下）。根据枪套的角度还可以分为水平式、垂直式和上部式。

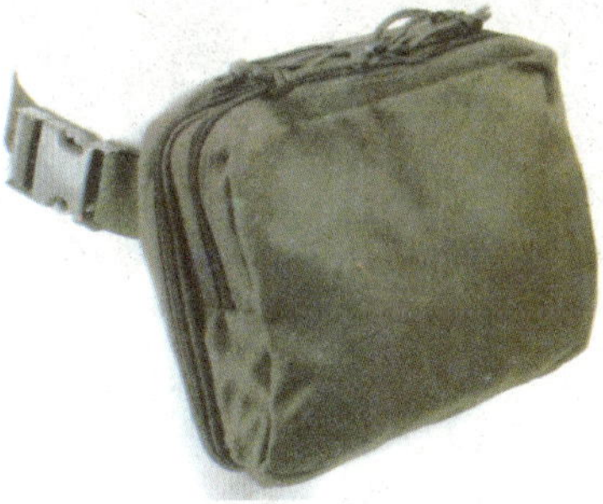

腰包式枪套

腰包式枪套可以看成是一个兼备枪套功能的腰包，在配枪不想被别人察觉或是穿着比较休闲时使用。从构造上来看，这种枪套不适合快速掏枪，同时也不适合佩戴大型手枪。

弹匣包的种类

近来非常流行的 ITW NEXUS 的 Fast Mug Gen2 型弹匣包，类似款式和制造公司很多，也属于开放式，可以与 MOLLE/PALS 系统相配合使用。

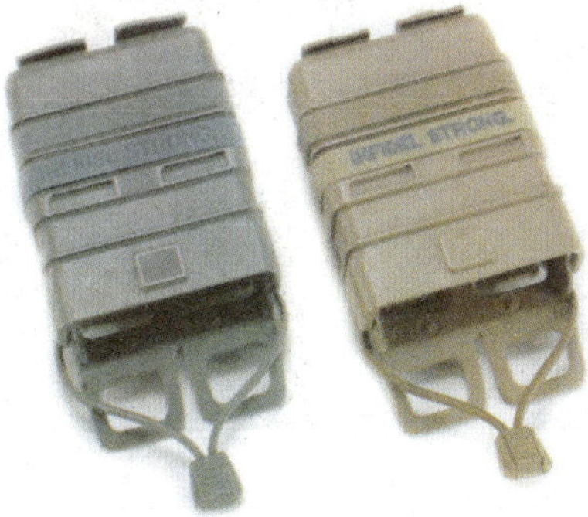

开放式弹匣包的特点是没有用以固定弹匣的折翼等部件，弹匣的固定通过内部弹簧来调节。这种弹匣包虽然能迅速掏出弹匣，但固定效果不好。照片左起分别为 Black fork 的手枪用型和 Blade Tech 的 M16 用型。

“折翼式”弹匣包带有能够固定弹匣用的折翼，基本属于老式弹匣包的进化型。照片中的 TAC NYLON 手枪用弹匣包内带有弹性带，因此即便折翼打开时也能起到固定弹匣的作用。这款弹匣包能够容纳 3 个手枪弹匣。

●单手快拔式的快速出枪技巧（没有外衣的情况）

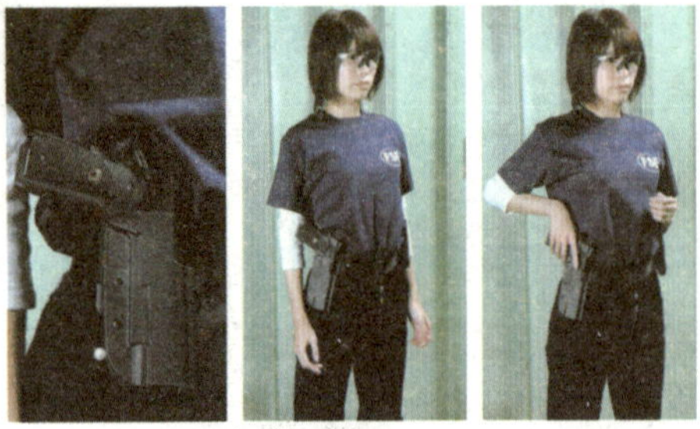

①　②　③

①快拔式的佩戴位置，为贴近裤子侧面的裤缝稍向后一些的位置。佩戴时根据每个人的体型和佩戴不同枪时的角度不同也有差别，但过于靠前的话是不利于掏枪的。同时，由于腰带也有一定的厚度，因此最好选择宽度为 38 毫米或 44 毫米的战术腰带。

②使用快拔式枪套时，首先从两臂自然垂下的状态开始，视线朝向目标，放松肩上的力量。

③第一阶段。握住握把，将非惯用手放到胸前，两腋部尽量夹紧。

①第二阶段。将握住的枪向正上方提起，从枪套中拔出。手指离开扳机，注意非惯用手不要放到枪口前。视线朝向目标，头保持不动。

②第三阶段。用准备在胸前的非惯用手握住持枪手。这时仍不能把手指放到扳机上。这一步骤最理想的状态是同时完成目标确认。

③第四阶段。沿弧线将枪抬到与视线平齐的高度并前伸，做出双手持枪射击的姿势。只有判断可以对目标射击时才将手指放到扳机上，在此过程中视线不能离开目标。

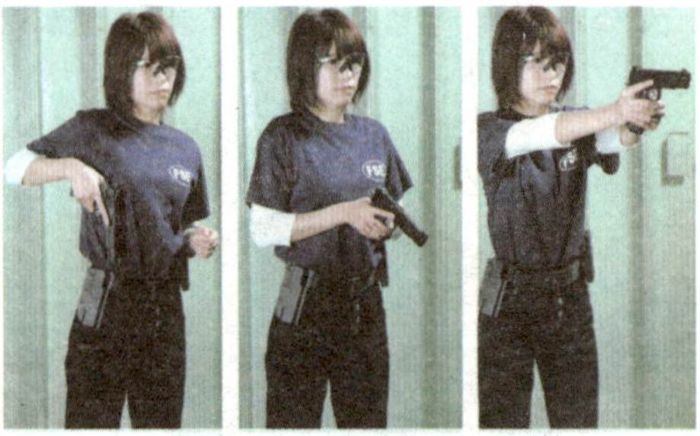

①　②　③

●单手快拔式的快速出枪技巧（有外衣的情况）

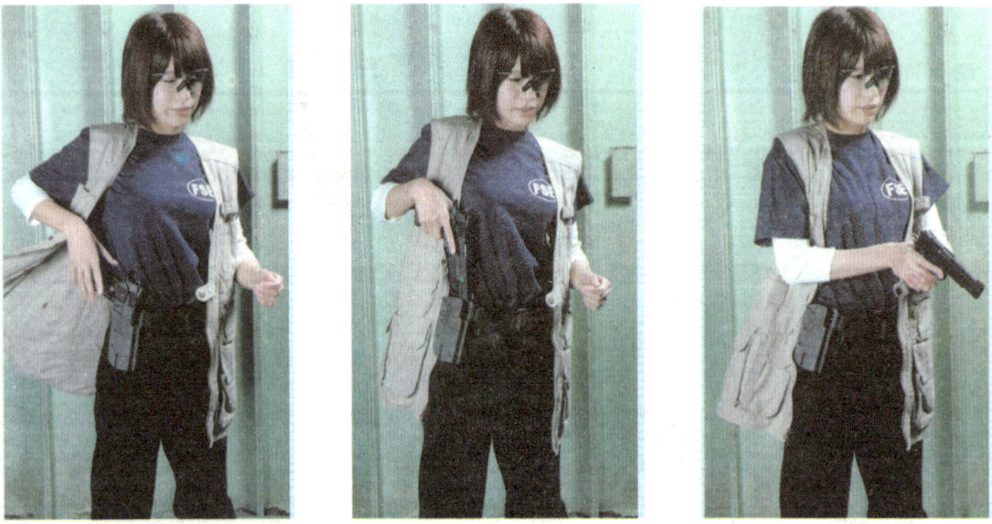

①　②　③

①在穿了外衣的情况下，快速掏枪的重点在掀开外衣。需要注意的是，不是一下就把外衣很随意地掀开，而是应该用手心沿着身体滑动的方向，顺势从开襟处将外衣掀开。非惯用手放在胸前或是自然下垂。

②掀开外衣，衣摆自由后扬的同时，在枪完全露出时握住握把将枪拔出。这时用上臂压住衣服的话会使掏枪更顺利，将弹匣从弹匣包中取出时的要领与此相同。在动作的过程中，视线不可离开目标。

③非惯用手握上枪。将枪装回枪套时与掏枪时相同，都要把上衣掀开，注意不要将衣襟卷入枪套中。

●更换弹匣的方法（战术装填）

▲

①在弹匣和膛室内还有子弹的状态下，更换弹匣的方法就叫做战术装填。是实战中老兵为了保证持续火力或控制主动权而经常使用的方法。

②在不把枪中的弹匣取出的情况下，从弹匣包中拿出新的弹匣。

③战术装填情况下，弹匣如图用食指和中指、拇指拿住。

④在用食指和中指夹住新弹匣的同时，按下弹匣卡榫，取出还有余弹的弹匣，用食指和拇指拿住。

⑤拿稳有余弹的弹匣后，将新的弹匣插入枪中，插入之后轻叩弹匣底部。

⑥将有余弹的弹匣装入裤子口袋或是装回弹匣包。

⑦将有余弹的弹匣装好后，重新迅速回到瞄准姿势。

⑧在将弹匣插入枪中时，尽量让枪与视线保持水平。使侧握手枪的情况下，最理想的状态是从扳机护弓中能够看到目标，还要使枪倾斜至能够看到插入口的角度。

⑨如果使用的是步枪弹匣，要用 5 根手指握住弹匣，小拇指贴在弹匣底部。

weapon world

双手快速换枪时枪带的使用技巧

关于枪套、弹匣包的一些快速实战使用技巧，前面已有介绍。而除了枪套和弹匣包之外，与枪械使用密切相关的另外一个重要部件就要算步枪背带了。枪带的使用在实战中能发挥出很大的作用，比如：将枪带缠绕固定在手臂上，借此来拉拽牵制枪体，减少击发时的后坐力和枪口上跳，来提高射击稳定性。除此之外，有效地利用枪带这个装备的性能，也可以快速达成实战中精准的战术目的！

步枪背带分类

步枪背带就是在携行步枪的时候所使用的各式带子，其目的是为了使人们能够更方便地携行步枪。

根据枪与带子相连接的不同方式，步枪背带一般可以分为：单点式、两点式和三点式 3 种。一般来说，如果需要重视灵活性和换手（将枪在左右手之间交换）速度的话，应该使用单点式背带；而如果重视携行方便的话，使用两点式背带比较好。

此外，目前市场上较为常见的还有一种集单点式背带和两点式背带优点于一身的复合式背带。

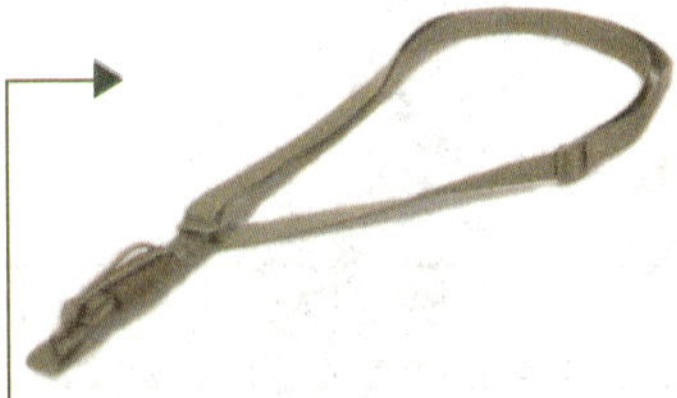

单点式（独点式）背带上只有一个可以连接枪体的位置，一般固定在枪的中心位置。图中这个背带安装有新型的“quick release buckle”（快速释放扣），可以非常方便地卸下枪支。

图中背带为“CSM single attacks sling”（CSM 单点攻击背带）。这种背带一侧为松紧带式扣，可以使背带更贴紧身体。出枪迅捷方便，枪带前端为“压钩”装置，适合快速连接枪体。

所谓的两点式背带，即有两个“枪体连接点”的背带，一般连接在枪管和枪托两个位置。图中背带为“blue force gear Vickers combat application the sling”军用型背带，连接枪管的扣环可以通过简单的前后拉拽动作来调整背带长度。而枪托一侧为快速解脱扣，可以使枪与背带轻松分离。

三点式背带，除了在枪体前后两个位置可以连接扣环以外，还在中间加装了一个用于固定枪体的扣环。图中这款背带也有快速解脱扣，可以很轻松地换手出枪。

复合式背带综合了单点式和两点式背带的功能。照片中的背带为“拉环式 MS2 多样任务背带”。这款背带可以在单点与两点间快速转换，而且因为使用的是拉环，还可以自由调节长度。

两点式背带的使用方法

●两点式背带的挎枪方法和背枪位置

虽然两点式背带比单点式背带拥有更明显的携行性等各种优点，但是如果要求快速反应换手操作的话，其并不适合。

两点式背带的背枪方法，比较常见的是像图中那样把枪背在背后，非常安全。两点式背带在背枪方法上比较灵活。

●两点式背带的换手方法

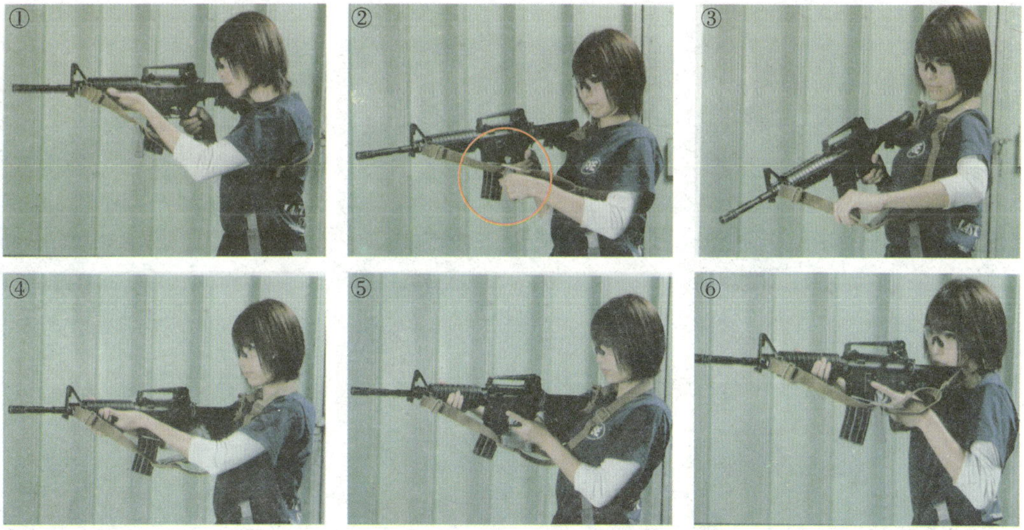

①通常，两点式背带要绷紧一点，可以得到比较稳定的射击效果，所以能够调节长度的背带明显适用性强。
②如果使用图中这款“Vickers application combat sling”军用背带的话，可以通过直接拉“背带拉带”（红圈处）来调节整体长度，快速伸长背带。
③在伸长背带之后，左肘顺势从背带内穿过，此时背带挂于颈部。
④背带保持悬挂在颈部的状态，同时右手前伸，握住护木，做好换手准备。
⑤左手顺势后滑，握住枪把，同时把枪体自然过渡向身体另一侧。
⑥枪体抵左肩，做好射击准备，完成换手动作。注意，如果还要再换回右手的话，就不要急于把背带挎上。

三点式背带的使用方法

三点式背带的挎枪方法和背枪位置

可以说三点式背带兼有两点式背带和一点式背带的特点。在换手的时候需要解除SR卡扣以伸长背带。

三点式背带也可以使用将枪背在身后的携枪方式。而其最大特征就是可以迅速转入射击状态。

三点式背带的换手方法

①三点式背带同样连接枪管和枪托位置。
②当需要换手时，首先解脱枪体一侧的SR卡扣（红圈处），借此来伸长背带。
③在伸长背带的同时，右手前伸，握住护木。
④在右手握稳护木时，左手抽出后滑，握紧枪把。
⑤左手握紧枪把，枪体移向身体左侧。
⑥与两点式背带不同，在背带没有过大变化的情况下就能完成换手动作。

单点式或复合式背带的使用方法

单点式背带的挎枪方法和背枪位置

单点式背带一般都将枪置于身体前面，快速射击和改变瞄准方向都很方便。

MS2 复合式背带，在枪管处增加一个连接点（红圈处），就变为两点式背带。根据不同情况可以采取不同的应对方法。

单点式背带的换手方法

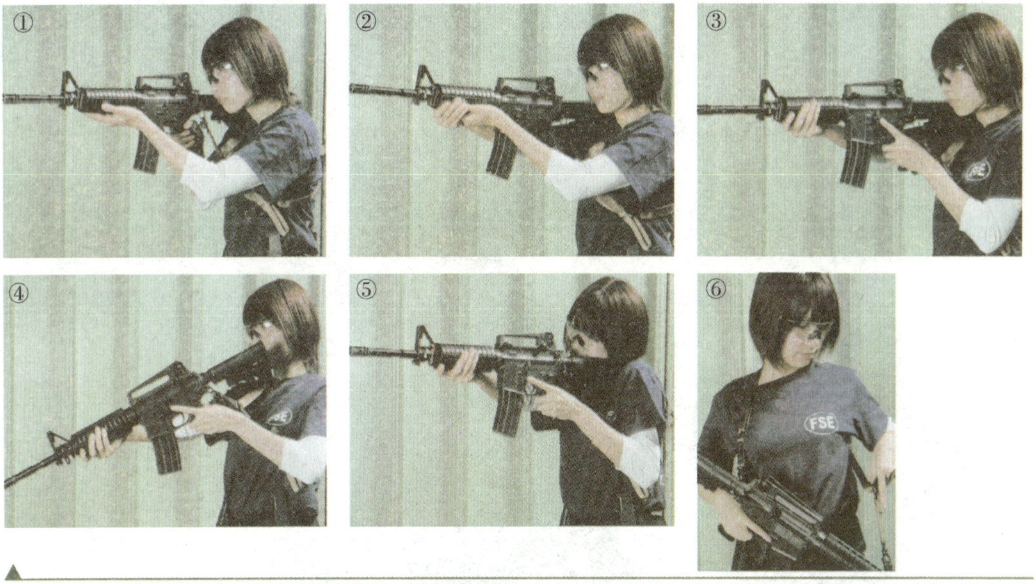

①因为单点式背带使枪体与身体贴得比较紧，所以在最初挎枪时一定要调整好背带的长短，以免在出枪时出现不协调。
②在换手之前，先保持好握枪姿势，然后右手前伸握住护木。
③右手握住护木后，左手后滑至枪把。
④将枪体向身体左侧过渡。此时，要注意防止枪托碰到面部，头部可以相应向后回避一下。
⑤换手同时做好调整准备，如用另一侧眼睛来进行瞄准。
⑥因为这款复合式背带安装有调整拉环，所以将单点式背带调整为两点式背带很方便。因为这款复合式背带安装有调整拉环，所以将单点式背带调整为两点式背带很方便。

weapon world

“左撇子”射手的枪带使用技巧

有很多人通常会片面简单地认为枪械枪带只是用于解放使用者的双手，因为有了携行枪带，就没有必要用手提着枪，可以直接把枪挎在肩上或背在背上。但对于实战人员来说，枪带远没有这么简单，甚至由于枪带使用不当，在突遇紧急情况下，才发现挎在肩上的枪不能顺利握持到位，那麻烦就大了。由此而产生一系列相关战术技巧，而这些技巧的针对性与适应性等问题在“左撇子”射手身上则会体现得更加明显，所以“左撇子”射手们需要一些适合他们的实战技巧，而这些“另类”的技巧有时会达到“出奇制胜”的妙用！

CQB战术大行其道，枪带的使用也越来越受到人们的关注。基于此，现代枪带在使用上不仅被设计得更加灵活方便，而且还更有利于稳定射击时的枪体晃动，呈现多功能化特性。有足够长度的枪带可以在十分危险的情况下对射击起到调节功能，至于材质方面，不管是尼龙枪带还是皮革枪带，反倒不是最重要的问题。

标准携枪方式

这种枪带携行方式在CQB环境中使用最广。M4A1、MP5系列或其他类型的各种步枪、冲锋枪在用这种方法携行时，由于种种原因需要迅速放弃手中的这支主武器，改用副武器，可以随意放手，枪体便会自然垂在发力手（一般人是右手，少数人是左手，这里以“左撇子”为例）的反方向，这样就不会妨碍从腿部枪套中拔出副武器（手枪）。这样可以迅速地进行动作转换，而不会削弱战斗力。

①

②

快速背枪
①用右手抓稳枪带上部两条带子。
②顺势向后，挎于右肩。

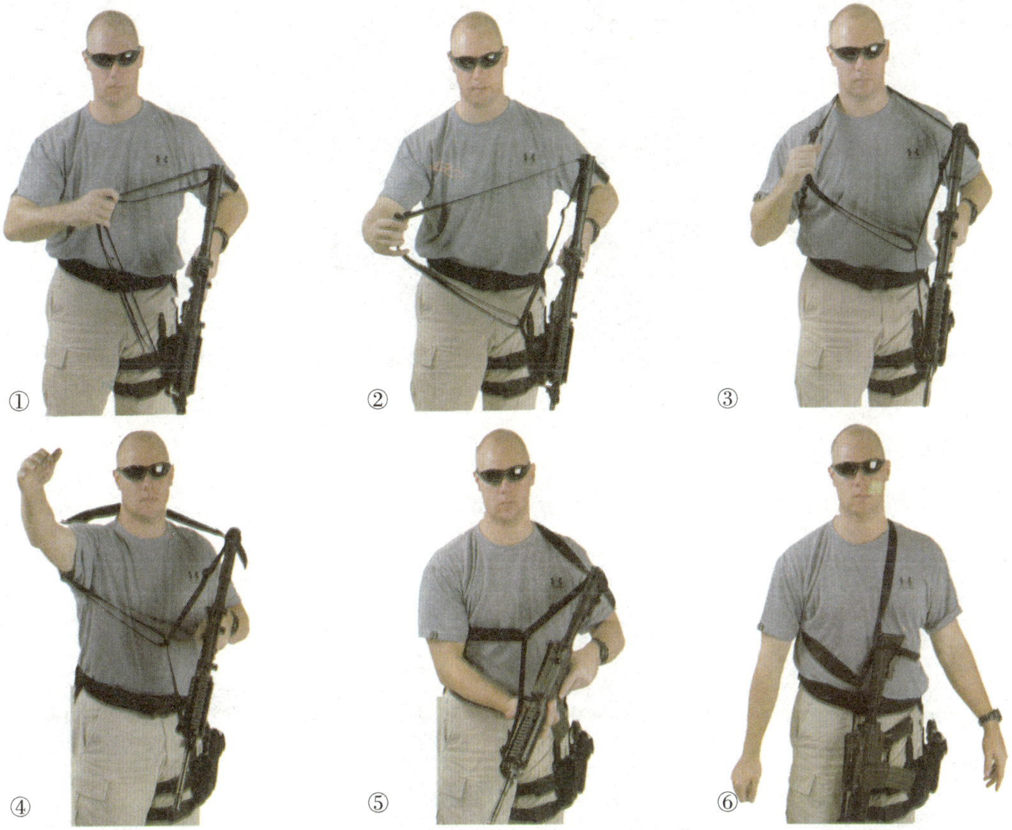

标准携枪

①把两条带子从枪上拉开（用非发力手，此处为“左撇子”，所以左手握枪，使用右手调节枪带）。
②将枪带扯成圈儿状。
③套过脖颈。
④右手穿过带圈。
⑤右臂和右肩顺势穿过带圈。
⑥完成。

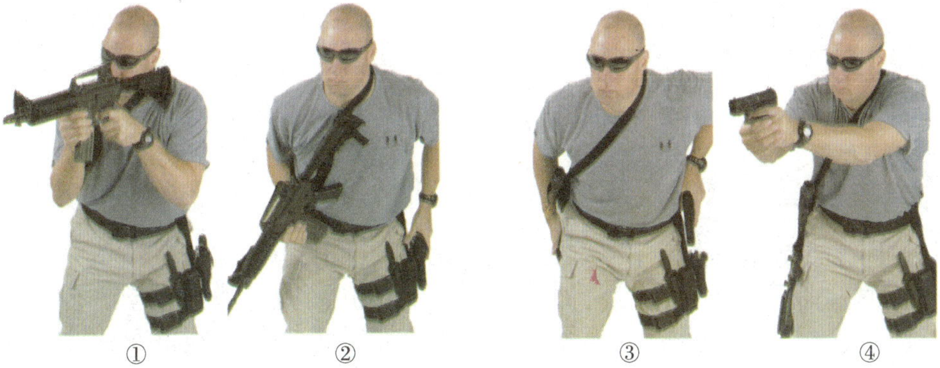

主、副式武器装换

①左手操控主武器进行攻击。
②左手放下主武器，主武器向右后侧垂落。
③左手握持副武器。
④持握副武器，恢复战斗状态。

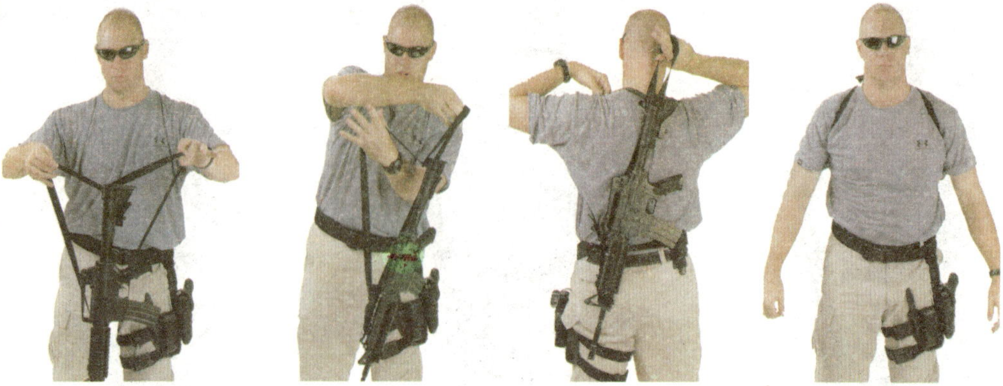

① ② ③ ④

▲——双肩背枪方式
①用两手将上部两条带子分开。
②如同使用双肩带背包，将枪往后背方向移，左手臂顺势伸入。
③右手臂伸进另一条带子，并将枪往背上拉。
④左右调整，完成。

① ② ③ ④

▲——双肩背枪方式取枪
①先将左手臂从带子中抽出。
②用右手从背后握住枪的护木部。
③右手顺势将枪从右肩上取下，拿到胸前。
④左手握持，将枪抵到左肩上，准备射击。

军事巡逻携枪方式

这种携行方式适合在执行军队的警戒侦察任务时使用，尤其适合在可能会受到敌方威胁的地区长期活动时使用。执行警戒任务时，如果把枪挎在肩上或背后的话，很难快速反应出枪。但为了能够迅速应对敌方的攻击，总是双手端枪有时也很不便，此时枪带便可以发挥作用。

这种携带方式就适合在这种情况下使用。一边继续保持握枪对敌的预备状态，另一只手可以放开枪，打手势信号或操作无线电装置。这样不仅可以抵肩射击，也可采取将枪托控于腰间的快速射击。

▲——军事巡逻携枪方式

①拉起枪带上部两条带子。
②外拽形成带圈。
③带圈套过脖颈。
④随后右手握住护木。
⑤接着左手穿过带圈。
⑥然后左臂和左肩穿过带圈。
⑦调整完成。

① ② ③

▲——在军事巡逻携枪方式下的架枪动作
①移动时，腰部据枪在视野范围内搜寻目标。紧急时，也可用此姿势直接进行射击。
②向上过渡，把枪往上端至肩窝处，也可在枪支上移过程中持续射击。
③继续上移，完成抵肩射击动作。

① ② ③

▲——在军事巡逻携枪方式下的背枪动作
①把枪从肩窝下移。
②左手握住护木。
③松开右手，左手握护木，迅速将枪移至背后。

weapon world

战术手电实战技巧

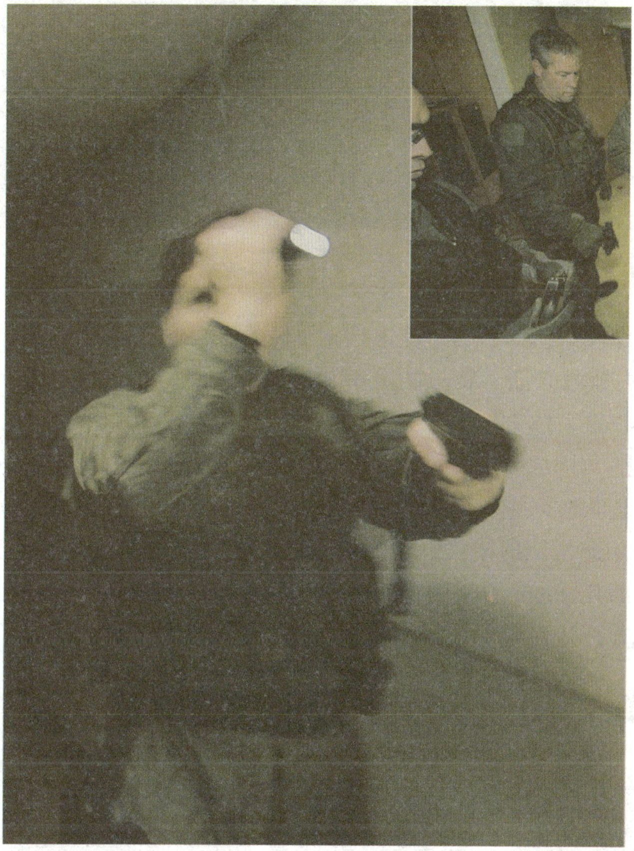

越来越多的安全承包商（雇佣兵、私人保镖）出现在反映伊拉克、阿富汗状况的新闻、影视，甚至是游戏画面中，其实随着战区局面的不断变化，他们的任务也相应地作着调整，除人们都熟悉的一般性质重要人物VIP保护外，现在已经涉及到了很多方面。特别是在冲突地区，当军方行动受制时，这些安全承包商反而有了更大的活动自由，发挥了更大的隐性效用。比如协助政府、军队来维持当地的社会治安，又如危险程度相当高的搜寻恐怖分子、收缴非法武装，甚至是人质解救等任务，而增加的这些内容，与其说是“军队任务”，倒不如说是“执法任务”更加贴切。

不可否认，随着美军增兵和安全承包商们的涌入，现在冲突地区取得了一定的“安宁”，但是越来越多的突发事件也使人们时刻绷紧神经。这些恐怖袭击活动，比正面战场冲突更加叫人防不胜防。战况转变的同时，军队或者安全承包商们的任务重心也有了转变，应付各种状况下的巡逻与搜查成为当下的重中之重。

现在就来图解一下在低可见度环境中的一些战术，其中使用战术手电可以有效降低危险，安全高效地完成任务。

演习开始前，为确保安全，大家在相互确认各自手枪弹匣和枪膛内是否已经装弹。

人质解救

这次是由一个4人组来执行“追击搜索”任务。假想恐怖分子挟持人质后隐藏起来，4人特战小组前去解救人质。特战队员不知道恐怖分子藏在屋内的什么位置，也不能确定具体哪个房间或是大体方位，于是他们一边肃清沿途房间，一边小心翼翼地行进。

4人编队的基本构成是，3人在前面行进搜索，1人负责警戒后方。在前面的3人中位于中间的人是队长，左右两翼分别警戒各自的方向，这样的分工确保了视野宽阔。

这时严禁使用通常照射模式。在拐角处光线突然射入的瞬间，可以通过投影来了解敌人的情况。此时用Night-Ops的频闪功能非常有效，不仅能判断前方情况，更可以有效保护自己的位置，从而免于被敌突袭。

两翼队员警戒各自的方向，中间队长指示向哪处拐角前进。

队长指示向左拐时，警戒右侧的队员在确认本侧安全后，再将警戒方向改为向左。

前面 3 人向下一位置（左拐后方向）行进。

★为方便摄影，室内添加照明，而在实际低照明（可见）度环境里是不可能如此的，请大家注意。

左拐后隐藏的敌人还是有可能会突然出现在右侧通道，所以后方队员在小队“甩尾”后要继续警戒右侧通道。后方队员虽不显眼，但却处于队伍中最重要的位置。

接敌交火

行进中的队员们来到左侧为墙壁的 T 字路口。此时注意，行进中的左翼队员警戒右侧通道（以获得更大的视角），而右翼队员此时警戒前方。如图③所示，直到抵达拐角处，警戒方向依旧没有改变，这么做是为了获得宽阔的视野。

藏在右侧通道的敌人投降了，但是右翼队员依然警戒前方。无论任何时候，他们都必须明确职责、毫不懈怠。

射线

在训练中不仅要确认自己从拐角处延伸出去的枪口射线，也要设想敌人的枪口射线角度，这是在行进于障碍物之间的警戒时最需要注意的事情，尽量避免自己暴露于敌人射线区域之下。

由单腿跪姿射击向侧接地倾姿势转变。为了能够迅速地向跪姿转换，这种姿势比通常的俯射姿势机动性更高。将手电高举以远离身体是为了吸引敌人的注意，并诱导敌人的火力向错误方向射击。

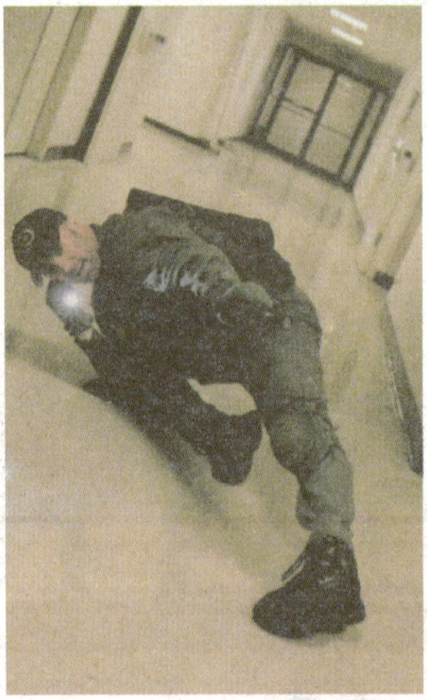

接地侧倾姿势

将接地侧倾姿势导入基本战术动作中，可以有效保护自己，是肃清房间或隔着障碍物进行射击时的有效姿势，达到出其不意的效果。

在突然接敌时，采取接地侧倾姿势射击时，最好 2 人一起行进，同伴可以提供掩护，可以在保护自己的同时对敌人进行反击。

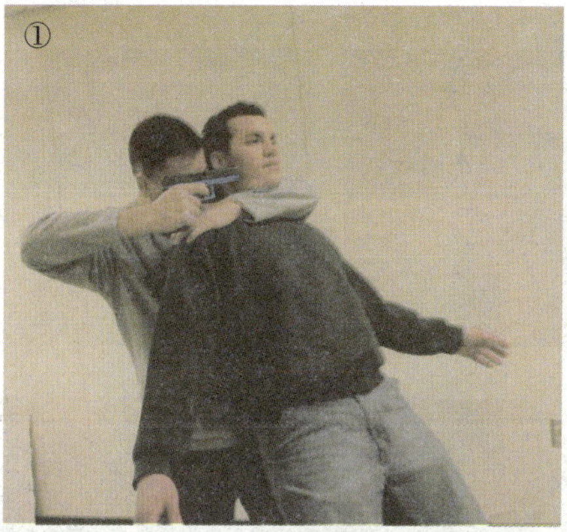

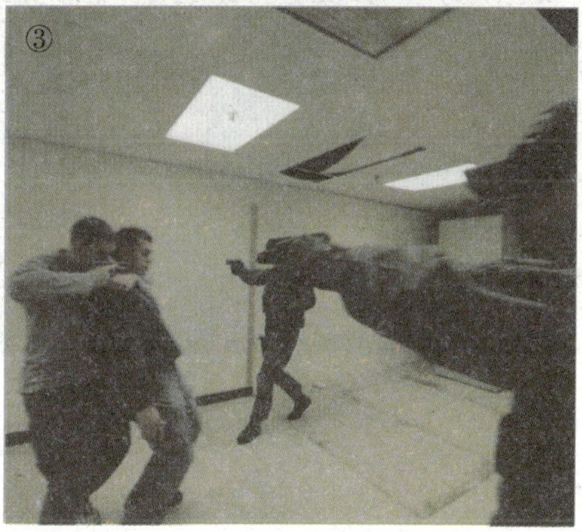

确保人质安全
恐怖分子以人质作为自己的保护，4人组中前面3人对恐怖分子形成包围，并慢慢逼近。通常会有战术手电直接照射恐怖分子的脸，以减弱他的判断能力。趁对方躲避光线时，最近位置队员从恐怖分子疏于警戒的方向迅速接近人质，借机制服对手，确保人质安全。

减弱敌人的判断能力
在图中这样的低可见度环境下解救人质。设定频闪（Strobe-Flash）功能，在战术手电照射人眼时，实际灯光的闪烁速度会超过人眼视力的确认速度。也就是说，我们可以借此功能模式快速接近敌人，与眼睛能适应的通常照射模式不同，在频闪模式下，敌人很难判断闪烁灯光掩护下的队员在靠近自己。

▲迅速突入室内

①右翼警戒左侧，左翼警戒右侧，对每个房间进行肃清。
②迅速突入室内。左右翼交叉进入房间，事先约定进入房间的顺序，不可冲突。
③被门遮挡视野的右翼先进入房间，左翼继续做后援。
④右翼立刻转身，对门后进行确认。
⑤左翼继续前行，对整个房间进行警戒。
⑥对房间各角落确认后，开始下一步行动。

◀敌人藏在正面的情况。
交叉进入的同时用频闪（Strobe-Flash）功能照射敌人的眼睛（脸部）。迅速突入后，注意立刻散开位置并相互照射敌人，合围接敌。▼